"十四五"职业教育国家规划教材

高等职业教育系列教材

机械零部件测绘

第 2 版

主编　蒋继红　姜亚南
参编　舒希勇　毕艳茹
主审　何时剑

U0258050

机械工业出版社

本书是精品课程"机械零部件识图与测绘"的配套教材，是为适应高等职业教育教学改革需要而编写的，旨在加强对学生的综合素质教育和工程意识的培养。

全书共设置了11个学习情境，主要内容包括轴套类、轮盘类、叉架类、箱体类、特殊类等零件的测绘步骤及方法，并对机用虎钳、齿轮泵、球阀、一级圆柱齿轮减速器等典型部件的测绘方法及要领作了比较详细的讲述。

本书可作为高等职业院校、中等职业院校的装备制造大类专业的教材，也可供工程技术人员和自学者参考。

本书配有微课视频，可扫描书中二维码直接观看，还配有电子课件等资源，需要的教师可登录机械工业出版社教育服务网 www.cmpedu.com 免费注册后下载，或联系编辑索取（微信：15910938545，电话：010-88379739）。

图书在版编目（CIP）数据

机械零部件测绘/蒋继红，姜亚南主编. —2版. —北京：机械工业出版社，2017.11（2023.12重印）

高等职业教育系列教材

ISBN 978-7-111-58607-4

Ⅰ.①机… Ⅱ.①蒋…②姜… Ⅲ.①机械元件 – 测绘 – 高等职业教育 – 教材 Ⅳ.①TH13

中国版本图书馆 CIP 数据核字（2017）第 295461 号

机械工业出版社（北京市百万庄大街 22 号 邮政编码 100037）

策划编辑：曹帅鹏 责任编辑：曹帅鹏

责任校对：张晓蓉 责任印制：邰 敏

三河市国英印务有限公司印刷

2023 年 12 月第 2 版第 15 次印刷

184mm×260mm·8.25 印张·200 千字

标准书号：ISBN 978-7-111-58607-4

定价：29.00 元

电话服务　　　　　　　　　　　网络服务

客服电话：010-88361066　　　机 工 官 网：www.cmpbook.com

　　　　　010-88379833　　　机 工 官 博：weibo.com/cmp1952

　　　　　010-68326294　　　金 书 网：www.golden-book.com

封底无防伪标均为盗版　　　机工教育服务网：www.cmpedu.com

前　　言

机械零部件测绘是重要的实践教学环节。通过零部件测绘训练，可以提高学生的绘图能力、空间想象力和动手能力，巩固工程图学、测量技术等相关知识，为后续课程打下坚实的基础。

为满足社会对高技能应用型人才的迫切需求，高等职业院校教学改革正在不断深入。作为精品课程"机械零部件识图与测绘"的配套建设教材，本书的编写力求以工作过程为课程设计基础，以真实的工作任务、生产产品为载体，以应用为目的。

本教材的主要特点：

1）具有一定的系统性，可使读者对需要掌握的知识有一个全面的了解。书中列举了相关的测量、测绘实例，便于读者活学活用，学用结合。

2）内容全面，涵盖面广。本书按零件和部件的结构特点及复杂程度，通过 11 个学习情境加以阐述，主要内容包括轴套类、轮盘类、叉架类、箱体类、特殊类等零件的测绘步骤和方法，以及机用虎钳、齿轮泵、球阀、一级圆柱齿轮减速器等典型部件的测绘方法及要领等。本书可满足目前高职高专院校机械类和近机械类专业开展实训教学的需要。

3）理论联系实际。本书注重培养学生的动手能力、空间想象力、绘图能力、综合分析和解决问题的能力，紧密联系工程实际，采用大量的工程实际图例，注重培养学生的工程意识。

本书在修订过程中，图样均按照新的国家标准相关规定进行了修改，并根据教材使用过程中发现的问题，对部分内容作了更新和补充。修订后的教材增加了视频、微课等教学资源，实现纸质教材与数字资源的结合，体现了新形态一体化教材的理念。学生通过扫描书中二维码即可观看相关资源，激发学生自主学习的动力。根据需要，课程可采用线上线下结合的教学模式进行。

本书由江苏电子信息职业学院的蒋继红、姜亚南任主编，参加编写工作的还有舒希勇、毕艳茹。本书由江苏电子信息职业学院何时剑教授任主审。

由于编者水平有限，书中错误和不妥之处在所难免，恳请选用本书的读者提出宝贵意见和建议。以便修订时调整和修改。

编　者

目　　录

学习情境1　测绘一般零件

零件图的内容
及视图的选择

学习目标：

1）了解测绘在生产实践中的作用。

2）掌握机械零件测绘的方法及步骤。

3）培养学生认真负责的工作态度和严谨细致的工作作风。

任务1　了解零部件测绘的目的与要求

生产中使用的零件图、装配图的来源有两种：一是根据设计而绘制出的图样；二是按已有的零部件测绘而产生的图样。测绘是指根据现有的零件，先画出零件草图，再画出装配图、零件工作图等全套图样的过程。

1. 测绘的目的

测绘是"机械制图"课程的一个实训教学环节，是学生综合运用已学知识独立地进行测量和绘图的学习过程。其目的在于：

1）综合运用本课程所学的知识，进行零件图、装配图的绘制，使已学知识得到巩固、加深和发展。

2）初步培养学生从事工程制图的能力，学会运用技术资料、标准、手册和技术规范进行工程制图的技能。

3）培养学生掌握正确的测绘方法和步骤，为今后专业课的学习和工作打好坚实的基础。

2. 测绘的要求

1）具有正确的工作态度。机械零部件测绘是学生的一次全面的绘图训练，它对今后的专业设计和实际工作都有非常重要的意义。因此，要求学生必须积极认真、刻苦钻研、一丝不苟地练习，才能在绘图方法和技能方面得到锻炼与提高。

2）培养独立的工作能力。机械零部件测绘是在教师指导下由学生主动完成的。学生在测绘中遇到问题，应即时复习有关内容，参阅有关资料，主动思考、分析，或与同组成员进行讨论，从而获得解决问题的方法，不能依赖性地、简单地索要答案。这样，才能提高独立工作的能力。

3）树立严谨的工作作风。表达方案的确定要经过周密的思考，制图应正确且符合国家标准。反对盲目、机械地抄袭、敷衍、草率的工作作风。

4）培养按计划工作的习惯。实训过程中，学生应遵守纪律，在规定的教室或设计教室里按预定计划保质保量地完成实训任务。

3. 测绘的注意事项

在测绘工作中，我们必须做到认真、仔细、准确，不得马虎潦草。应注意以下事项：

1）测量尺寸时要正确选择基准，正确使用测量工具，以减少测量误差。

2）有配合关系的公称尺寸必须一致，并应测量精确，一般在测出它的公称尺寸后，再根据有关技术资料确定其配合性质和相应的公差值。

3）零件的非配合尺寸，如果测得有小数，一般应取整。

4）对于零件上的标准结构要素，测得尺寸后，应参照相应的标准查出其标准值，如齿轮的模数、螺纹的大径、螺距等。

5）零件上磨损部位的尺寸，应参考与其配合的零件的有关尺寸，或参阅有关的技术资料予以确定。

6）零件的直径、长度、锥度、倒角等尺寸，都有标准规定，实测后，宜选用最接近的标准数值。

7）对于零件上的缺陷，如铸造缩孔、砂眼、毛刺、加工的瑕疵、磨损、碰伤等，不要画在图上。

8）不要漏画零件上的圆角、倒角、退刀槽、小孔、凹坑、凸台、沟槽等细小部位。

9）凡是未经切削加工的铸、锻件，应注出非标准拔模斜度以及表面相交处的圆角。

10）零件上的相贯线、截交线不能机械地照零件描绘，要在弄清其形成原理的基础上，用相应的作图方法画出。

11）测量零件尺寸的精确度，应与该尺寸的要求相适应，对于加工面的尺寸，一定要用较精密的量具。

12）测绘时，应该注意保护零件的加工面，特别是精密件，要避免碰坏和弄脏。

13）所有标准件（如螺栓、螺母、垫圈、销钉、轴承等），只需量出必要的尺寸并注出尺寸规格，可不用画草图。

14）测绘前应进行充分的思想和物质准备。以提高测绘的质量和效率。为确保不发生大的返工现象，在表达方案的确定、草图绘制等主要阶段，应由指导教师审查后，才允许继续进行。

任务2 一般零件测绘的方法与步骤

零件测绘包括零件分析、绘制零件草图、测量零件尺寸、确定零件各项技术要求及完成零件工作图等过程。

1. 了解和分析需测绘的零件

1）了解该零件的名称和作用。

2）鉴定零件的材质和热处理状态。

3）对零件进行结构分析，弄清每一处结构的作用。特别是在测绘破旧、磨损和带有缺陷的零件时尤为重要。在分析的基础上对零件的缺点进行必要的改进，使该零件的结构更为合理和完善。

4）对零件进行工艺分析。同一零件可以采用不同的加工方法，它影响零件结构形状的表达、基准的选择、尺寸的标注和技术条件要求，是后续工作的基础。

5）拟定零件的表达方案。通过上述分析，对零件有了较深刻的认识之后，首先确定主视图，然后确定其他视图及其表达方法。

2. 绘制零件草图

草图是指以目测估计比例，按要求徒手（或部分使用绘图仪器）绘制的图形。

在仪器测绘、讨论设计方案、技术交流、现场参观时，受现场条件或时间的限制，经常要绘制草图。有时也可将草图直接供生产用，但大多数情况下要再整理成正规图。徒手绘制草图可以加速新产品的设计、开发；有助于组织、形成和拓展思路；便于现场测绘；节约作图时间等。因此，对于工程技术人员来说，除了要学会用尺规、仪器绘图和使用计算机绘图之外，还必须具备徒手绘制草图的能力。

（1）徒手绘制草图的要求

① 画线要稳，图线要清晰。

② 目测尺寸尽量准确，各部分比例均匀。

③ 绘图速度要快。

④ 标注尺寸无误，字体工整。

（2）徒手绘图的方法

根据徒手绘制草图的要求，选用合适的铅笔，按照正确的方法可以绘制出满意的草图。徒手绘图所使用的铅笔有多种，铅芯磨成圆锥形，画中心线和尺寸线的磨得较尖，画可见轮廓线的磨得较钝。橡皮不应太硬，以免擦伤图纸。所使用的图纸无特别要求，为方便常使用印有浅色方格和菱形格的作图纸。

一个物体的图形无论怎样复杂，总是由直线、圆、圆弧和曲线所组成。因此要画好草图，必须掌握徒手画各种线条的手法。

1）握笔的方法　手握笔的位置要比尺规作图高些，以利于运笔和观察目标。笔杆与纸面成 45°~60° 角，执笔稳而有力。

2）直线的画法　徒手绘图时，手指应握在铅笔上离笔尖约 35mm 处，手腕和小手指对纸面的压力不要太大。在画直线时，手腕不要转动，使铅笔与所画的线始终保持约 90°，眼睛看着画线的终点，轻轻移动手腕和手臂，使笔尖向着要画的方向做直线运动。画水平线时图纸可以斜放；画竖直线时自上而下运笔；画长斜线时，为了运笔方便，可以将图纸旋转适当角度，以利于运笔画线，如图 1-1 所示。

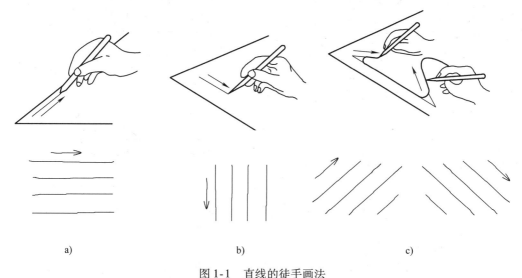

图 1-1　直线的徒手画法

a）画水平线　b）画竖直线　c）画长斜线

3）常用角度的画法　画 45°、30°、60° 等常见角度，可根据两直角边的比例关系，在两直角边上定出几点，然后连接而成，如图 1-2 所示。

4）圆的画法　画直径较小的圆时，先在中心线上按半径目测定出四点，然后徒手将各

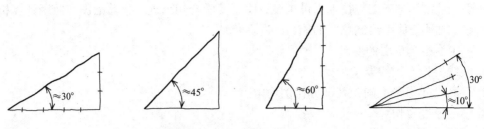

图 1-2　角度线的徒手画法

点连接成圆，如图 1-3a 所示。当画直径较大的圆时，可过圆心加画一对十字线，按半径目测定出八点，连接成圆，如图 1-3b 所示。

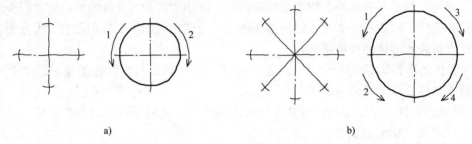

图 1-3　圆的徒手画法

5）圆角、曲线连接及椭圆的画法　圆角、曲线连接及椭圆的画法，可以尽量利用圆弧与正方形、菱形相切的特点进行画图，如图 1-4 所示。

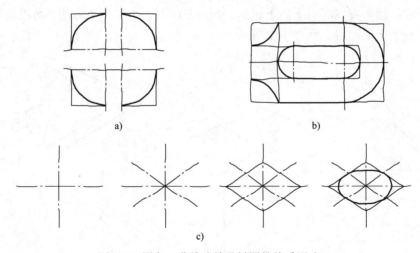

图 1-4　圆角、曲线连接及椭圆的徒手画法
a）圆角　b）曲线连接　c）椭圆

（3）目测的方法

在徒手绘图时，要保持物体各部分的比例。在开始画图时，整个物体的长、宽、高的相对比例一定要仔细拟定。在画中间部分和细节部分时，要随时将新测定的线段与已拟定的线段进行比较。因此，掌握目测方法对画好草图十分重要。

在画中、小型物体时，可以用铅笔当尺直接放在实物上测各部分的大小，如图 1-5 所示，然后按测量的大体尺寸画出草图。也可用此方法估计出各部分的相对比例，然后按此相对比例画出缩小的草图。

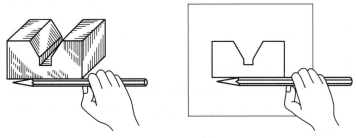

图 1-5　中、小物体的测量

　　在画较大的物体时，可以如图 1-6 所示，用手握一铅笔进行目测度量。在目测时，人的位置应保持不动，握铅笔的手臂要伸直。人和物体的距离大小，应根据所需图形的大小来确定。在绘制及确定各部分相对比例时，建议先画大体轮廓。尤其是比较复杂的物体，更应如此。

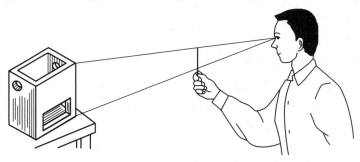

图 1-6　较大物体的测量

（4）零件草图绘制步骤

　　下面以图 1-7 所示的连杆零件草图为例来说明零件草图的绘制步骤。

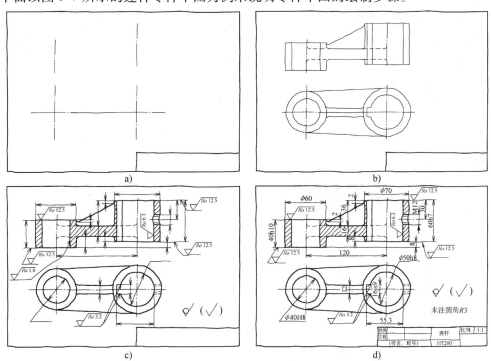

图 1-7　连杆零件草图的绘制步骤

1）在确定表达方案的基础上，选定比例，布置图面，画好各视图的基准线（视图的中心线）。

2）画出基本视图的外部轮廓。

3）画出其他各视图、断面图等必要的视图。

4）选择长、宽、高各方向标注尺寸的基准，画出尺寸线、尺寸界线。

5）标注必要的尺寸和技术要求，填写标题栏，检查有无错误和遗漏。

3. 绘制零件正式图样

零件草图是在现场测绘的，所以测绘时间比较仓促，有些表达方案不一定最合理、准确。因此，在绘制零件正式图样前，需要对零件草图进行重新考虑和整理。有些内容需要设计、计算或选用执行有关标准，如尺寸公差、几何公差、表面粗糙度、材料及热处理等。经过复查、补充、修改后，方可绘制零件正式图样。具体步骤如下：

（1）审查、校核零件草图

1）表达方案是否完整、清晰和简明。

2）结构形状是否合理、是否存在缺损。

3）尺寸标注是否齐全、合理及清晰。

4）技术要求是否满足零件的性能要求又比较经济。

（2）绘制零件正式图样的步骤

1）选择比例。根据零件的复杂程度而定，尽量采用1:1。

2）选择图样幅面。根据表达方案和比例，留出标注尺寸和技术要求的位置，选择标准图幅。

3）绘制底稿。

① 定出各视图的基准线。

② 画出图形。

③ 标注尺寸。

④ 标注技术要求。

⑤ 填写标题栏。

⑥ 校核。

⑦ 描深。

⑧ 审定、签名。

任务3　一般零件尺寸的测量

1. 常用测量工具

测量尺寸用的简单工具有直尺、外卡钳和内卡钳；测量较精密的零件时，要用游标卡尺、千分尺或其他工具，见图1-8。直尺、游标卡尺和千分尺上有尺寸刻度，测量零件时可直接从刻度上读出零件的尺寸。用内、外卡钳测量时，必须借助直尺才能读出零件的尺寸。

2. 几种常用的测量方法

1）测量直线尺寸（长、宽、高）　一般可用直尺直接测量，见图1-9。

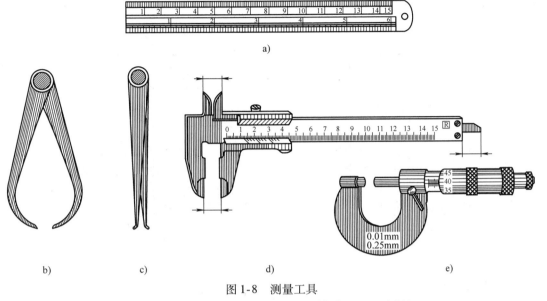

图 1-8　测量工具

a）直尺　b）外卡钳　c）内卡钳　d）游标卡尺　e）千分尺

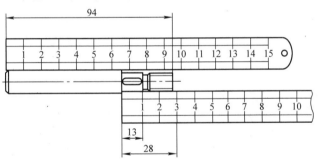

图 1-9　直线尺寸测量

2）测量回转面的直径　一般可用卡钳、游标卡尺或千分尺，见图 1-10。

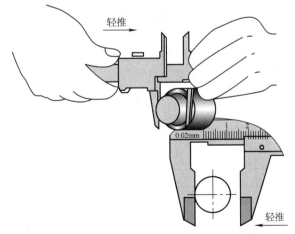

图 1-10　回转面直径测量

3）测量壁厚　可以用直尺测量，如图 1-11 中底壁厚度 $Y = C - D$，或用卡钳和直尺测量，如图中侧壁厚度 $X = C - B$。

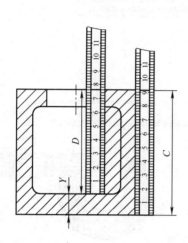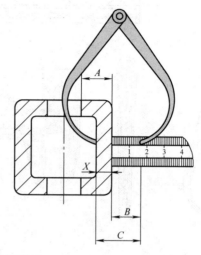

图 1-11　壁厚测量

4）测量孔间距　可用游标卡尺、卡钳或直尺测量，见图 1-12。

5）测量中心高　一般可用直尺和卡钳或游标卡尺测量，见图 1-13。

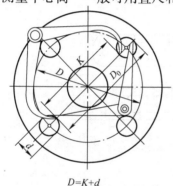

$D = K + d$

图 1-12　孔间距测量

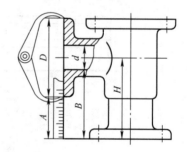

图 1-13　中心高测量

6）测量圆角　一般用圆角规测量。每套圆角规有很多片，一半测量外凸圆角，一半测量内凹圆角，每片刻有圆角半径的大小。测量时，只要在圆角规中找到与被测部分完全吻合的一片，从该片上的数值可知圆角半径的大小，见图 1-14。

7）测量角度　可用量角规测量，见图 1-15。

图 1-14　圆角测量

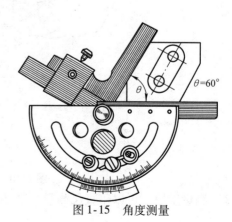

图 1-15　角度测量

8）测量曲线或曲面　曲线和曲面要求测得很准确时，必须用专门量仪进行测量。要求不太准确时，常采用下面三种方法测量：

① 拓印法　对于柱面部分的曲率半径的测量，可用纸拓印其轮廓，得到平面曲线，然后判定该曲线的圆弧连接情况，测量其半径，见图 1-16。

② 铅丝法　对于曲线回转面零件的母线曲率半径的测量，可用铅丝弯成实形后，得到平行曲线，然后判定曲线的圆弧连接情况，最后用中垂线法，求得各段圆弧的中心，测量其半径，见图 1-17。

③ 坐标法　一般的曲线和曲面都可用直尺和三角板定出曲面上各点的坐标，在图上画出曲线，或求出曲率半径，见图 1-18。

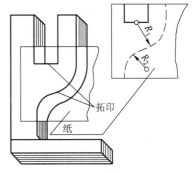

图 1-16　拓印法

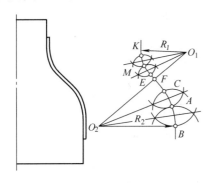

图 1-17　铅丝法

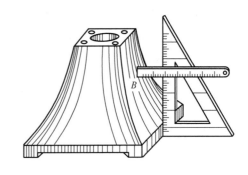

图 1-18　坐标法

任务 4　测绘中尺寸的圆整

在测绘过程中，对实测数据进行分析、推断，合理地确定其公称尺寸和尺寸公差的过程称为尺寸圆整。

在测绘过程中，由于被测零件存在着制造误差、测量误差及使用中的磨损而引起的误差，因而使得测得的实际值偏离了原设计值。也正是由于这些误差的存在，使得实测值常带有多位小数，这样的数值不仅加工和测量过程中都很难做到，而且大多没有实际意义。对这些数据进行尺寸圆整后，可以更多地采用标准刀具和量具，以降低制造成本。因此，进行尺寸圆整有利于提高测绘效率和劳动生产率。

目前，常用的尺寸圆整方法有设计圆整法和测绘圆整法两种。

1. 设计圆整法

设计圆整法是以实际测得的尺寸为依据，按照设计的程序来确定公称尺寸和极限的方法。

（1）常规设计的尺寸圆整

常规设计是指以方便设计、制造和良好的经济性为主的标准化设计。在对常规设计的零件进行尺寸圆整时，一般应使其公称尺寸符合国家标准 GB/T 2822—2005 推荐的尺寸系列（参见表 1-1），公差符合国家标准 GB/T 1800.2—2009，极限偏差符合国家标准 GB/T 1800.2—2009，配合符合国家标准 GB/T 1802—2008。

表 1-1　标准尺寸系列　　　　　　　　　　　　　　　　（单位：mm）

R			Ra			R			Ra		
R10	R20	R40	R10	R20	R40	R10	R20	R40	R10	R20	R40
10.0	10.0		10	10			35.5	35.5		36	36
	11.2			11				37.5			38
12.5		12.5	12	12	12	40.0	40.0	40.0	40	40	40
		13.2			13			42.5			42
	14.0	14.0		14	14		45.0	45.0		45	45
		15.0			15			47.5			48
16.0	16.0	16.0	16	16	16	50.0	50.0	50.0	50	50	50
		17.0			17			53.0			53
	18.0	18.0		18	18		56.0	56.0		56	56
		19.0			19			60.0			60
20.0	20.0	20.0	20	20	20	63.0	63.0	63.0	63	63	63
		20.2			21			67.0			67
	22.4	22.4		22	22		71.0	71.0		71	71
		23.6			24			75.0			75
25.0	25.0	25.0	25	25	25	80.0	80.0	80.0	80	80	80
		26.5			26			85.0			85
	28.0	28.0		28	28		90.0	90.0		90	90
		30.0			30			95.0			95
31.5	31.5	31.5	32	32	32	100.0	100.0	100.0	100	100	100
		33.5			34						

注：首先在优先数系 R 系列按 R10、R20、R40 顺序选用。如必须将数值圆整，可在 Ra 系列中按 Ra10、Ra20、Ra40 顺序选用。

【例 1】　实测一对配合孔和轴，孔的尺寸为 25.012mm，轴的尺寸为 24.978mm，测绘后圆整并确定尺寸公差。

解：① 根据孔、轴的实测尺寸，查表 1-1，只有 R10 系列的公称尺寸 25mm 靠近实测值。

② 根据此配合的具体结构可知为基孔制间隙配合，即基准孔为 H。

③ 从其他资料知道此配合属单件小批生产，而单件小批生产孔、轴尺寸靠近最大实体尺寸（即孔的下极限尺寸，轴的上极限尺寸）。所以轴的尺寸 25 − 0.022 靠近轴的基本偏差。查轴的基本偏差表，25mm 所在的尺寸段与 − 0.022 靠近的只有 f 的基本偏差为 − 0.020mm，即轴的基本偏差代号为 f。

④ 通过计算可得，ϕ25mm 轴基本偏差为 f 的公差值为 0.021mm。查标准公差数值表（GB/T 1800.3）得其公差等级为 IT7 级。又根据工艺等价的性质，推出孔的公差等级比轴低一级，为 IT8 级。

综上所述，该孔轴配合的尺寸公差为 ϕ25H8/f7。

（2）非常规设计的尺寸圆整

公称尺寸和尺寸公差不一定都是标准化的尺寸称为非常规设计的尺寸。

1）非常规设计尺寸圆整的原则

① 功能尺寸、配合尺寸、定位尺寸允许保留一位小数，个别重要的尺寸可保留两位小数，其他尺寸圆整为整数。

② 将实测尺寸圆整为整数或须保留的小数位时，尾数删除应采用四舍六进五单双法，即逢四以下舍去，逢六以上进位，遇五则以保证偶数的原则决定进舍。

③ 删除尾数时，只考虑删除位的数值，不得逐位删除。如 35.456 保留整数时，删除位为第一位小数 4，根据四舍六进五单双法，圆整后应为 35，不应逐位圆整成 35.456、35.46、35.5、36。

④ 尽量使圆整后的尺寸符合国家标准推荐的尺寸系列值。

2）轴向功能尺寸的圆整　在大批大量生产条件下，零件的实际尺寸大部分位于零件公差带的中部，所以在圆整尺寸时，可将实测尺寸视为公差中值。同时尽量将公称尺寸按国家标准尺寸系列圆整为整数，并保证公差在 IT9 级之内。公差值采用单向或双向，孔类尺寸取单向正公差，轴类尺寸取单向负公差，长度类尺寸采用双向公差。

【例 2】　某传动轴的轴向尺寸参与装配尺寸链计算，实测值为 84.99mm，试将其圆整。

解：① 查表确定公称尺寸为 85mm。

② 查标准公差数值表，在公称尺寸大于 80～120mm，公差等级为 IT9 的公差值为 0.087mm。

③ 取公差值为 0.080mm。

④ 得圆整方案为（85±0.04）mm

【例 3】　某轴向尺寸参与装配尺寸链计算，实测值为 223.95mm，试将其圆整。

解：① 确定公称尺寸为 224mm。

② 查标准公差数值表，公称尺寸大于 180～250mm，公差等级为 IT9 的公差值为 0.115mm。

③ 取公差值为 0.10mm。

④ 将实测值当成公差中值，得圆整方案为 $224_{-0.10}^{0}$ mm。

⑤ 校核，公差值为 0.10mm，在 IT9 级公差值以内且接近公差值，实测值 223.95mm 为 $224_{-0.10}^{0}$ mm 的中值，故该圆整方案合理。

3）非功能尺寸的圆整　非功能尺寸即一般公差的尺寸（未注公差的线性尺寸），它包含功能尺寸外的所有非配合尺寸。

圆整这类尺寸时，主要是合理确定公称尺寸，保证尺寸的实测值在圆整后的尺寸公差范围之内，并且圆整后的公称尺寸符合国家标准规定的优先数、优先数系和标准尺寸，除个别外，一般不保留小数。例如，8.03 圆整为 8，30.08 圆整为 30 等。对于另外有其他标准规定的零件直径如球体、滚动轴承、螺纹等，以及其他小尺寸，在圆整时应参照有关标准。至于这类尺寸的公差，即未注公差尺寸的极限偏差一般规定为 IT12 级～IT18 级。

2. 测绘圆整法

测绘圆整法是根据实测值与极限和配合的内在联系来确定公称尺寸、公差、极限及配合的。由于测绘圆整法是以对实测值的分析为基础的，有着明显的测绘特点，所以习惯上称为测绘圆整法。在实践中，测绘圆整法主要用来圆整配合尺寸。

（1）对实测值的分析。

测绘圆整法对实测值的分析有两个基本假设。

假设 1：被测零件为合格零件，并且被测尺寸的实测值一定是原设计给定公差范围内的某一数值。亦即实测值 = 公称尺寸 ± 制造误差 ± 测量误差

由于制造误差与测量误差之和应小于或等于原图规定的公差，所以，实测值要么大于或等于零件的下极限尺寸，要么小于或等于零件的上极限尺寸。

假设 2：制造误差及测量误差的概率分布均符合正态分布规律，处于公差中值的概率为最大。

假设 2 为处理实测值提供了基本思路。当仅有一个实测值时，可将该实测值作为公差中值。也就是说，将实测的间隙或过盈视为原设计所给间隙或过盈的中值；如果实测值有多个，可通过计算求其中值。

（2）分析实测值与公差配合的内在联系。

在国家标准中，公差带由标准公差和基本偏差两部分组成。标准公差确定公差带的大小，基本偏差确定公差带相对于零线的位置。其主要特点是把公差带大小和公差带位置作为两个独立要素。

在设计时，采用基孔制配合的基准孔的公差通常选择在零线之上，其上极限偏差 ES 即为基准孔的公差，下极限偏差 EI 为零；而基准轴的公差带位置固定在零线下面，其上极限偏差 es 为零，下极限偏差 ei 等于基准轴的公差。在配合件的实测值中，不仅包含公称尺寸、公差，也包含基本偏差。这是因为机器中各种不同性质的配合都是由公差配合标准中规定的 28 个孔和 28 个轴的公差带位置决定的，而每一种公差带位置则由基本偏差确定。基本偏差就是用来确定公差带相对于零线位置的上极限偏差或下极限偏差，一般为靠近零线的那个偏差。实测间隙或过盈的大小反映基本偏差的大小。

由此便可得出圆整尺寸的基本思路，即相互配合的孔与轴的公称尺寸及公差值应该从实测值中去寻找，而配合类别应该从实测的间隙配合或过盈配合中去寻找。这就是实测值与公差配合的内在联系，也是测绘圆整法的基本原则。

【例 4】　用测绘圆整法圆整活塞衬套（孔）与活塞杆 II 段（轴）的公称尺寸、公差及配合。

解　① 尺寸测量。

孔的实测值：$\phi 13.510$

轴的实测值：$\phi 13.483$

② 确定配合基制。根据结构分析，配合制应为基孔制。

③ 确定公称尺寸。孔实测尺寸为 13.510，小数点后第 1 位数为 "5"，应包含在公称尺寸内。查表 1-2。

表 1-2　公称尺寸的精度判断

公称尺寸/mm	实测值小数点后的第一位数	公称尺寸应否含小数值
1~80	≥2	应含
>80~250	≥3	应含
>250~500	≥4	应含

为满足不等式：

$$孔（轴）公称尺寸 < 孔实测尺寸$$

故该公称尺寸最大值只能取为 13.5。

再根据不等式

$$孔实测值 - 公称尺寸 \leq 孔公差（IT11 级）$$

进行验证，得

$$13.510 - 13.5 = 0.01 < 0.5 \times 0.11$$

故公称尺寸应为 13.5。

④ 计算公差，确定尺寸的公差等级。

a. 确定基准孔公差。

$$\Delta D_{实测} = (D - D_{基本}) \times 2 = (13.510 - 13.5) \times 2 = 0.02$$

查公差表，IT7 级公差为 0.018，故应选孔公差等级为 IT7，即孔为 H7。

b. 选轴的公差等级与孔同级。

⑤ 计算基本偏差，确定配合类别。

a. 计算孔、轴实测值之差，得实测间隙为 0.027。

b. 求平均公差，得 0.018。

c. 因实测间隙大于平均公差（0.027 > 0.018），故属第三种间隙，按表 1-3 计算基本偏差绝对值，得 0.027 - 0.018 = 0.009，且该值为轴的负偏差。

表 1-3　间隙配合表（间隙 = 孔实测值 - 轴实测值）

实测间隙种类		1	2	3	4
		间隙 = $\dfrac{孔公差 + 轴公差}{2}$	间隙 < $\dfrac{孔公差 + 轴公差}{2}$	间隙 > $\dfrac{孔公差 + 轴公差}{2}$	间隙 = $\dfrac{基准件公差}{2}$
轴（基孔制）	配合代号	h	j	a, b, c, cd, d, e, ef, f, fg, g	js
	基本偏差	上极限偏差	下极限偏差	上极限偏差	$\pm\dfrac{轴公差}{2}$
	偏差性质	0	—	—	
孔轴基本偏差的计算		不必计算	查公差表	基本偏差 - 间隙 = $\dfrac{孔公差 + 轴公差}{2}$	查公差表
孔（基轴制）	配合代号	H	J	A, B, C, CD, D, E, EF, F, FG, G	JS
	基本偏差	下极限偏差	上极限偏差	下极限偏差	$\pm\dfrac{孔公差}{2}$
	偏差性质	0	+	+	

再查表得配合上极限偏差为 - 0.006。

⑥ 确定孔、轴的上、下极限偏差。

孔为 H7，有 $\phi13.5^{+0.018}_{0}$；轴为 g7，则为 $\phi13.5^{-0.006}_{-0.024}$。

⑦ 修正和转换。经分析无需修正。

3. 测绘中的尺寸协调

一台机器或设备通常由许多零件、组件和部件组成，测绘时，不仅要考虑部件中零件与零件之间的关系，而且还要考虑部件与部件之间、部件与组件或零件之间的关系。所以在标注尺寸时，必须把装配在一起的或装配尺寸链中有关零件的尺寸一起测量，测出结果加以比较，最后一并确定公称尺寸和尺寸偏差。

唐银波：
0.01mm 的执着

学习情境 2　测绘轴套类零件

学习目标：

轴套类零件
的表达方案

零件视图的
尺寸标注

1) 了解轴套类零件的结构特点。
2) 掌握轴套类零件的表达方案。
3) 掌握轴套类零件的读图方法。
4) 掌握轴套类零件测绘的方法及步骤。
5) 培养热爱劳动、热爱工作、热爱岗位和精益求精的职业道德。

任务1　轴套类零件的表达方案选择

1. 轴套类零件的结构特点

轴类零件一般是由同一轴线、不同直径的圆柱体（或圆锥体）所构成，如图 2-1 所示为轴的立体图。轴类零件一般设有键槽、砂轮越程槽（或退刀槽）。为使传动件（或滚动轴承）在轴上定位，有时还要设置挡圈槽、销孔、螺纹等标准结构，还有倒角、中心孔等工艺结构。

2. 轴套类零件的表达方案

1) 轴套类零件　轴套类零件一般在车床上加工，所以应按形状特征和加工位置确定主视图，轴线水平放置，大头在左，小头在右；轴套类零件的主要结构形状是回转体，一般只画一个主要视图。

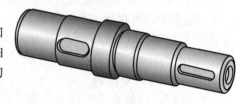

图 2-1　轴的立体图

2) 轴套类零件的其他结构形状　如键槽、螺纹退刀槽、砂轮越程槽和螺纹孔等，可以用剖视、断面、局部视图和局部放大图等加以补充。对形状简单且较长的零件还可以采用折断的方法表示。

3) 实心轴　实心轴没有剖开的必要，但轴上个别部分的内部结构形状可以采用局部剖视。对空心套则需要剖开表达它的内部结构形状；外部结构形状简单的可采用全剖视；外部较复杂则用半剖视（或局部剖视）；内部简单的也可不剖或采用局部剖视。

如图 2-2 所示为轴的零件图，采用一个基本视图加上一系列尺寸，就能表达轴的主要形状及大小；对于轴上的键槽等，采用移出断面图，既表示了它们的形状，又便于标注尺寸。

对于轴上的其他局部结构，如砂轮越程槽等采用局部放大图表达，中心孔采用局部剖视图表达。

3. 轴套类零件的尺寸标注

1) 轴套类零件的尺寸分径向尺寸（即高度尺寸与宽度尺寸）和轴向尺寸。径向尺寸表示轴上各回转体的直径，它以水平放置的轴线作为径向尺寸基准，如 $\phi 30m6$、$\phi 32k7$ 等。重要的安装端面（轴肩），如 $\phi 6$ 轴的右端面是轴向主要尺寸基准，由此注出 16.74 等尺寸。轴的两端一般作为辅助尺寸基准（测量基准）。

2) 功能尺寸必须直接标注出来，其余尺寸多按加工顺序标注。

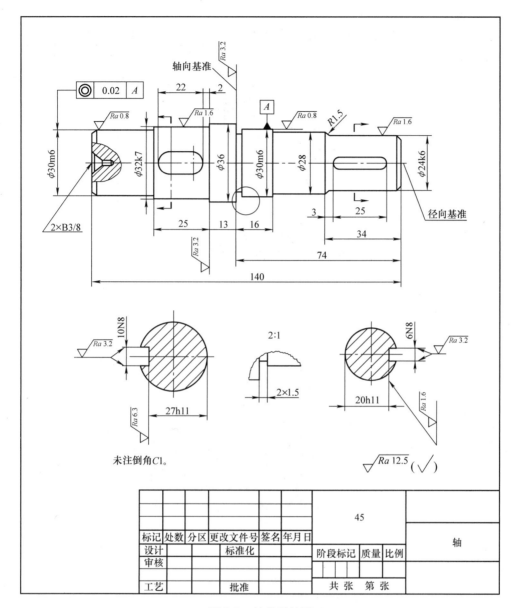

图 2-2 轴的零件图

3）为了清晰和便于测量，在剖视图上，内外结构形状的尺寸分开标注。

4）零件上的标准结构（倒角、退刀槽、越程槽、键槽）较多，应按该结构标准的尺寸标注。GB/T 1095—2003 和 GB/T 1096—2003 对平键和键槽各部分尺寸的规定见表 2-2。其他已标准化结构的标注形式及标准代号见表 2-1，结构尺寸可查阅有关技术资料。

4. 轴套类零件技术要求

1）有配合要求的表面，其表面粗糙度参数值较小。无配合要求表面，其表面粗糙度参数值较大。

2）有配合关系的外圆和内孔应标注出直径尺寸的极限偏差。与标准化结构（如齿轮、蜗杆等）有关的轴孔，或与标准化零件配合的轴孔尺寸的极限偏差应符合标准化结构或零件的要求。如与滚动轴承配合的轴的公差带应按表 2-3 选用，与滚动轴承配合的孔的公差带应按表2-4选用。

表2-1 轴套类零件常见的结构表达方法及尺寸标准

结构名称	表达方法	标准代号
倒角、倒圆	 倒角 倒圆	GB/T 6403.4—2008
砂轮越程槽	 磨外圆　磨内圆　磨外端面 磨内端面　磨外圆及端面　磨内圆及端面	GB/T 6403.5—2008
中心孔	 GB/T 4459.5－B2.5/B 保留中心孔 GB/T 4459.5－A4/8.5 是否保留都可以 GB/T 4459.5－A1.6/3.35 不保留中心	GB/T 4459.5—1999 GB/T 145—2001

3）重要阶梯轴的轴向位置尺寸或长度尺寸应标注出极限偏差值，如参与装配尺寸链的长度和轴向位置尺寸等。

表 2-2　平键及键槽各部分尺寸

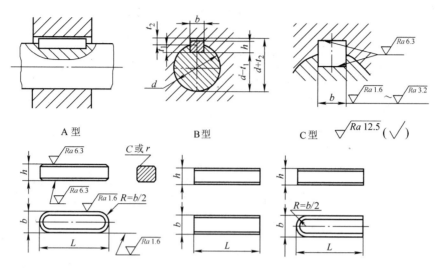

标记示例：

GB/T 1096—2003　键 16×10×100（圆头普通平键，$b=16$、$h=10$、$L=100$）

GB/T 1096—2003　键 B16×10×100（平头普通平键，$b=16$、$h=10$、$L=100$）

GB/T 1096—2003　键 C16×10×100（单圆头普通平键，$b=16$、$h=10$、$L=100$）

轴	键		键　槽										
			宽度 b						深度				半径 r
			基本尺寸 b	极限偏差					轴 t_1		毂 t_2		
				松联接		正常联接		紧密联接					
公称直径 d	键尺寸 $b×h$	长度 L		轴 H9	毂 D10	轴 N9	毂 JS9	轴和毂 P9	基本尺寸	极限偏差	基本尺寸	极限偏差	最大　最小
>10~12	4×4	8~45	4	+0.030　0	+0.078　+0.030	0　-0.030	±0.015	-0.012　-0.042	2.5	+0.1　0	1.8	+0.1　0	+0.08　0.16
>12~17	5×5	10~56	5						3.0		2.3		
>17~22	6×6	14~70	6						3.5		2.8		0.16　0.25
>22~30	8×7	18~90	8	+0.036　0	+0.098　+0.040	0　-0.036	±0.018	-0.015　-0.051	4.0		3.3		
>30~38	10×8	22~110	10						5.0		3.3		
>38~44	12×8	28~140	12	+0.043　0	+0.120　+0.050	0　-0.043	±0.021	-0.018　-0.061	5.0		3.3		
>44~50	14×9	36~160	14						5.5		3.8		0.25　0.40
>50~58	16×10	45~180	16						6.0	+0.2　0	4.3	+0.2　0	
>58~65	18×11	50~200	18						7.0		4.4		
>65~75	20×12	56~220	20	+0.052　0	+0.149　+0.065	0　-0.052	±0.026	-0.022　-0.074	7.5		4.9		
>75~85	22×14	63~250	22						9.0		5.4		0.40　0.60
>85~95	25×14	70~280	25						9.0		5.4		
>95~110	28×16	80~320	28						10		6.4		
L系列	6~22（2 进位）、25、28、32、36、40、45、50、56、63、70、80、90、100、110、125、140、160、180、200、220、250、280、320、360、400、450、500												

注：1.　$(d-t_1)$ 和 $(d+t_2)$ 两组组合尺寸的极限偏差按相应的 t_1 和 t_2 的极限偏差选取，但 $(d-t_1)$ 极限偏差应取负号（ - ）。

　　2.　键尺寸 b 的极限偏差为 h9，键尺寸 h 的极限偏差为 h11，键长 L 的极限偏差为 h14。

表2-3　安装滚动轴承的轴公差带

内圈工作条件		应用举例	深沟球轴承和角接触球轴承	圆柱滚子轴承和圆锥滚子轴承	调心滚子轴承	公差代号
旋转状态	载荷		轴承公称直径/mm			公差代号
圆柱孔轴承						
内圈相对于载荷方向旋转或相对于载荷方向摆动	轻载荷	电气仪表、机床（主轴）、精密机械、泵、通风机、传送带	≤18	—	—	h5
			>18~100	≤40	≤400	j6①
			>100~200	>40~100	>40~100	k6①
			—	>100~200	>100~200	m6①
	正常载荷	一般通用机械、电动机、涡轮机、泵、内燃机、变速箱、木工机械	≤18	—	—	j5
			>18~100	≤40	≤40	k5②
			>100~140	>40~100	>40~65	m5②
			>140~200	>100~140	>65~100	m6
			>200~280	>140~200	>100~140	n6
			—	>200~240	>140~280	p6
			—	—	>280~500	r6
			—	—	>500	r7
	重载荷	铁路车辆和电力机车的轴箱、牵引电动机、轧机、破碎机等重型机械	—	>50~140	>50~100	n6③
			—	>140~200	>100~140	p6③
			—	>200	>140~200	r6③
			—	—	>200	r7③
内圈相对于载荷方向静止	所有荷载	内圈必须在轴向容易移动	静止轴上的各种轮子	所有尺寸		g6①
		内圈不必在轴向移动	张紧滑轮、绳索轮	所有尺寸		h6①
纯轴向载荷		所有应用场合	所有尺寸			j6 或 js6
圆锥孔轴承（带锥形套）						
所有载荷		铁路车辆和电力机车的轴箱	装在退卸套上的所有尺寸			h8 (IT5)④
		一般机械或传动轴	装在紧定套上的所有尺寸			h9 (IT5)⑤

① 凡对精度有较高要求的场合，应用 j5、k5……代替 j6、k6 等。
② 圆锥滚子轴承和角接触球轴承，因内部游隙的影响不太重要，可用 k6 和 m6 代替 k5 和 m5。
③ 应选用轴承径向游隙大于基本组的滚子轴承。
④ 凡有较高的精度或转速要求的场合，应选用 h7，IT5 为轴颈形状公差。
⑤ 尺寸大于 500mm 时，其形状公差等级为 IT7。

　　4）有配合关系的轴孔和端面应标注出必要的形状和位置公差。如圆柱表面的圆度、圆柱度，轴线间的同轴度、平行度，定位轴肩的平面度以及对轴线的垂直度等。

　　5）必要的热处理要求、检验要求以及其他技术要求。

表 2-4　安装滚动轴承的外壳孔公差带

外圈工作条件				应用举例	公差代号[2]
旋转状态	载　荷	轴向位移的限度	其他情况		
外圈相对于载荷方向静止	轻、正常和重载荷	轴向容易移动	轴处于高温场合	烘干筒、有调心滚子轴承的大电动机	G7
			部分式外壳	一般机械、铁路车辆轴箱	H7[1]
载荷方向摆动	冲击载荷	轴向能移动	整体式或部分式外壳	铁路车辆轴箱轴承	J7[1]
	轻和正常载荷			电动机、泵、曲轴主轴承	
	正常和重载荷	轴向不移动	整体式外壳	电动机、泵、曲轴主轴承	K7[1]
	重冲击载荷			牵引电动机	M7[1]
外圈相对于载荷复杂旋转	轻载荷			张紧滑轮	M7[1]
	正常和重载荷			装用球轴承的轮毂	N7[1]
	重冲击载荷		薄壁、整体式外壳	装用滚子轴承的轮毂	P7[1]

①　凡对精度有较高要求的场合，应用 P6、N6、M6、K6、J6 和 H6 分别代替 P7、N7、M7、K7、J7 和 H7，并应同时选用整体式外壳。

②　对于轻铝合金外壳，应选择比钢或铸铁外壳较紧的配合。

任务 2　轴套类零件图的识读

根据结构形状的不同，轴类零件可分为光轴、阶梯轴、空心轴和曲轴等。轴套类零件的毛坯一般用棒料，主要加工方法是车削、镗削和磨削加工。图 2-3 是泵部件中的轴类零件图，现以此为例说明识读轴套类零件图的步骤。

1. 看标题栏

从标题栏可以知道这个零件是泵部件中的主动轴，材料是 45 钢。件数 1，说明每台泵部件上只要一个轴。图样的比例是 1:1，说明实物的大小与图形一致。

2. 看图形

轴类零件一般在车床上加工，所以应该按形状特征和加工位置确定主视图，轴线水平放置，键槽和孔等结构尽量朝前；轴类零件的主要结构是回转体，一般只画一个主视图；在有键槽和孔的地方，可增加必要的局部视图，轴上各种结构可采用断面、局部剖视、局部放大来表示，较长轴还可采用折断画法。

该泵轴零件图的左边有一段错开 90°的两个 $\phi 5$ 圆柱孔；中间有带键槽的轴颈，与传动齿轮孔配合；右端有螺纹，通过拧紧螺母，将齿轮沿轴向压紧，图中采用了一个主视图、两个移出断面图、两个局部放大图和一个局部剖视图。为了便于加工时看图，轴线水平放置。

根据主视图上注 A—A 断面的位置，在图的左下角就可以找到相应名称的断面图（图上

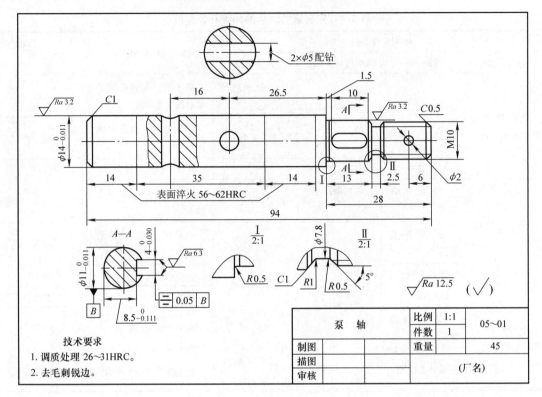

图 2-3　泵轴零件图

注写 A—A)。主视图上边的移出断面图没有标注出断面符号，可以断定，它是通过孔轴线位置在主视图相应位置剖切的。右下边的视图是把零件上的越程槽、退刀槽部分的外形画出来的局部放大图。

　　分析完图形，再想象出零件的形状。根据主视图、局部断面图、局部放大图和图中标注的尺寸及符号，可以确定这个零件是圆柱形的，轴左端的局部剖视图表示出有一个 φ5 的通孔。轴上边还有一个键槽，在下边的断面图 A—A 中注出了键槽的宽和深。此外轴的右端还有一个 φ2 的销孔；在轴的键槽处有一个越程槽，槽中有 R0.5 的圆角；轴上有两处倒角分别是 C1、C0.5。

3. 看尺寸标注

　　看零件图的尺寸，不仅是要了解这个零件的大小，而且还要弄清楚这些尺寸在加工、检验时是从哪里为起点来测量的。我们把零件上那些作为尺寸起点的点、线、面称为基准（基点、基线、基面）。

　　轴的直径，是以轴的轴线作为基准的；长度方向的尺寸以越程槽左端面作为基准（主要基准），在加工和检验时，要以其作为测量尺寸的起点，才能保证零件的质量要求。部分尺寸（如 13）从左端面量出，左端面就称为辅助基准。

　　看尺寸时，还要注意图上有关的文字和符号意义，图上的移出断面图尺寸上的文字 "2×φ5 配钻"，表示这个孔在装配时，与配合零件一起钻出的；零件上的倒角 C1 表示 45° 的倒角，倒角的宽度为 1mm。

4. 看技术要求

（1）看表面粗糙度

有经验的工人，看了表面粗糙度的代号（即加工符号），就可以知道这个零件要经过哪些加工方法才能够完成。一般遵循如下规律：

①　有配合要求的表面，其表面粗糙度值较小。无配合要求的表面，其表面粗糙度值大。例如，轴两端上与轴承配合的外圆表面的表面粗糙度是 $Ra3.2$。

②　有配合要求的轴颈尺寸公差等级较高、公差较小。无配合要求的轴颈尺寸公差等级低，或不需要逐处标注。

（2）看尺寸偏差

看尺寸偏差，就是要明确零件的哪些尺寸是重要尺寸，加工时要特别注意。同时还要了解零件经过自己所担任的那一道工序加工后，是否需要再加工，如果还要加工，就要为以后的工序留出加工余量。例如，轴的外圆尺寸是 $\phi14\,_{-0.011}^{\ \ 0}$，这表示它的公称直径是 14mm，6级精度，基孔制过渡配合的轴上极限偏差为 0、下极限偏差为 -0.011，一般要经过粗车、精车和磨削才能达到，所以，车工在加工时必须为后面的磨削工序留出余量（一般要根据工件复杂程度及变形情况而定），而担任最后一道磨削工序加工的工人，就要按图样严格控制尺寸偏差在规定的范围之内。车工在车削时也有公差，称之为工序公差（一般标注在工艺卡片上）。

没有标注偏差的尺寸称为自由尺寸。自由尺寸是指没有配合要求的尺寸，而不是说这些尺寸在加工时可以不作任何控制。对自由尺寸，一般都按 8~10 级精度制造（根据需要而定）。

（3）看表面形状和位置偏差

在 A—A 断面图中，键槽两侧面相对于 $\phi11$ 轴线的对称度为 0.05。

（4）看其他技术要求

技术要求第一条说明此零件要经过调质处理得到 26~31HRC。

必须指出，上述看零件图的方法步骤，只说明看图时要注意这几个方面，作为初看图时的参考。实际看图时，决不可以照搬，而要前后联系、互相穿插、突出重点地看。因此，看图过程中，要多通过自己的反复实践，提高识读能力。

任务 3　轴套类零件的测绘

1. 熟悉被测绘的零件

测绘前首先要了解轴套类零件在机器中的用途、结构、各部位的功用及与其他零件的关系等。

2. 绘制零件草图

绘制轴套类零件草图，并画出各部分的尺寸线和尺寸界线。

3. 尺寸测量

绘制出草图之后，根据轴套类零件的实物以及与之相配合的零件，测绘轴套类零件的各部分尺寸并在草图上标注。测量尺寸之前，要根据被测尺寸的精度选择测量工具。线性尺寸的测量主要用千分尺、游标卡尺和钢直尺等，千分尺的测量精度在 IT5~IT9 之间，游标卡尺的测量精度在 IT10 以下，钢直尺一般用来测量非功能尺寸。

轴套类零件应测量的尺寸主要有以下几类。

（1）径向尺寸的测量

用游标卡尺或千分尺直接测量各段轴径尺寸并圆整，与轴承配合的轴颈尺寸要和轴承的内孔系列尺寸相匹配，如果直径尺寸在 $\phi20\text{mm}$（不含 $\phi20\text{mm}$）以下，有 $\phi10\text{mm}$、$\phi12\text{mm}$、$\phi15\text{mm}$、$\phi17\text{mm}$ 四种规格，直径尺寸在 $\phi20\text{mm}$ 以上时，为 5 的倍数。

（2）轴向尺寸的测量

轴套类零件的轴向长度尺寸一般为非功能尺寸，用钢直尺、游标卡尺或千分尺测量各段阶梯长度和轴套类零件的总长度，测出的数据圆整成整数。需要注意的是，轴套类零件的总长度尺寸应直接测量，不要用各段轴向的长度进行累加计算。

（3）键槽尺寸的测量

键槽尺寸主要有槽宽 b、深度 t 和长度 L，从键槽的外观形状即可判断与之配合的键的类型。根据测量出的 b、t、L 值，结合键槽所在轴段的公称直径，参见机械制图教材，确定键槽的标准值及标准键的类型。

例如：测得双圆头键槽宽度为 9.98mm，深度为 5.05mm，长度为 36mm，根据国标规定，标准键 10mm×36mm 的键槽深和测量值最接近，故可确定键槽宽度为 10mm，深度为5mm，长度为 36mm，所用圆头平键尺寸为 10mm×8mm×36mm。

（4）大尺寸或不完整孔、轴直径的测量

1）弦长弓高法　用游标卡尺测出弦长 L 和弓高 H，如图 2-4 所示。用下式计算出半径 R 或直径 D，即 $R = L^2/8H + H/2$；$D = L^2/4H + H$。

2）量棒测量法

① 将三个等直径量棒按图 2-5 所示放置，用深度游标卡尺测出三量棒上素线间的高度差 H，用下式计算孔的直径或内圆弧的半径 R，即 $D = d\,(d+H)/H$；$R = d\,(d+H)/2H$。

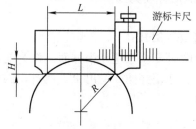

图 2-4　弦长弓高法测量直径示意图

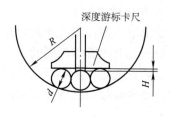

图 2-5　量棒测量孔径示意图

② 将两个等直径量棒按图 2-6 所示放置，用游标卡尺测出两量棒的外侧跨距 L，用下式计算轴径 D 或外圆弧半径 R，即 $R = (L-d)^2/8d$；$D = (L-d)^2/4d$。

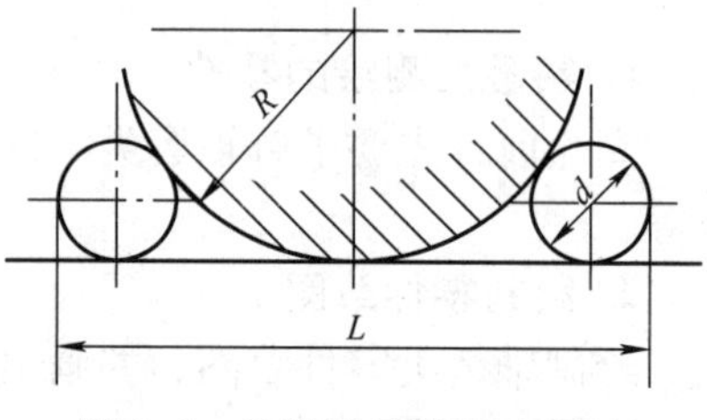

4. 确定尺寸公差和几何公差

根据有配合尺寸段的配合性质，用类比法或查资料确定。

5. 确定表面粗糙度

用粗糙度量块对比或根据各部分的配合性质直接确定。

图 2-6　量棒测量轴径示意图

6. 确定材料和热处理硬度

用类比法或检测法确定轴套类零件的材料和热处理硬度。

7. 校对

与相配零件尺寸核对无误后，完成草图绘制，待装配图完成后，再依据草图绘制零件工作图。

学习情境 3　测绘轮盘类零件

学习目标：

1）了解轮盘类零件的结构特点。
2）掌握轮盘类零件的表达方案。
3）掌握轮盘类零件的读图方法。
4）掌握轮盘类零件测绘的方法及步骤。
5）培养学生团队协作、沟通交流的能力。

任务 1　轮盘类零件的表达方案选择

1. 轮盘类零件的结构特点

轮盘类零件包括手轮、带轮、端盖、盘座等。轮一般用来传递动力和扭矩，盘主要起支承、轴向定位以及密封等作用。

轮盘类零件的主要结构是由同一轴线不同直径的若干回转体组成，这一特点与轴类零件类似。但它与轴类零件相比，其轴向尺寸短得多，圆柱体直径较大，其中直径较大的部分称为盘，为盘类零件的主体，如图 3-1 所示。

2. 轮盘类零件的表达方案

1）轮盘类零件主要在车床上加工，所以应按形状特征和加工位置选择主视图，轴线横放；对有些不以车床加工为主的零件，可按形状特征和工作位置确定。

2）轮盘类零件一般需要两个主要视图。图 3-2 所示的泵盖零件图中，主视图采用单一剖切平面剖得的全剖视图，表达了各孔深度情况，左视图采用基本视图，表达了各孔的分布位置。

3）轮盘类零件的其他结构形状，如轮辐，可用移出断面或重合断面表示。

4）根据轮盘类零件的结构特点（空心的），若视图具有对称平面时，可作半剖视；无对称平面时，可作全剖视。

图 3-1　泵盖的立体图

3. 轮盘类零件的尺寸标注

1）一般的，轮盘类零件的宽度和高度方向以回转轴线为主要基准，长度方向的主要基准一般选择经过加工的大端面。图 3-2 所示的泵盖就是选用右端面作为长度方向的尺寸基准，由此注出 $7_{-0.1}^{0}$、20 等尺寸。

2）定形尺寸和定位尺寸都需标注清楚，尤其是在圆周上分布的小孔的定位圆直径是这类零件的典型定位尺寸，多个小孔一般采用如 "6×φ10EQS" 形式标注，EQS（均布）就意味着等分圆周，角度定位尺寸就不必标注，如果均布很明显，EQS 也可不加标注。

3）内外结构形状应分开标注。

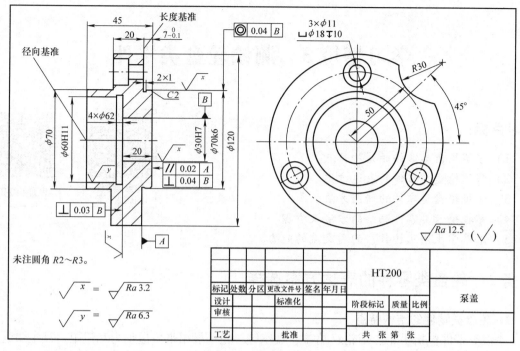

图3-2 泵盖零件图

4. 轮盘类零件技术要求

1）凡是有配合要求的内外圆表面，都应有尺寸公差，一般内孔取IT7级，外圆取IT6级。

2）内外都有配合要求的圆柱表面应有几何公差要求，一般给定同轴度要求。有配合或定位的端面一般应有垂直度或轴向圆跳动要求。

3）凡有配合的表面应有表面粗糙度要求，一般取Ra值为1.6~6.3μm；对于人手经常接触，并要求美观或精度较高的表面，可取 $Ra = 0.8$ μm，根据需要，这些表面还可以有抛光、研磨或镀层等加工要求。

4）轮盘类零件的取材方法、热处理及其他技术要求。轮盘类零件常用的毛坯有铸件和锻件，铸件以灰铸铁居多，一般为HT100~HT200，也有采用有色金属材料的，常用的为铝合金。对于铸造毛坯，一般应进行时效热处理，以消除内应力，并要求铸件不得有气孔、缩孔、裂纹等缺陷；对于锻件，则应进行正火或退火热处理，并不得有锻造缺陷。

任务2 轮盘类零件图的识读

轮盘类零件一般为扁平的盘状，如泵盖、端盖，法兰盘、带轮、齿轮等。它们的主要结构大体上是回转体，通常还带有各种形状的凸缘、沿圆周均布的圆孔、轮辐和肋板等局部结构，主要在车床加工。其主视图按加工位置将轴线摆放成水平并画成全剖视，以表达轴向结构。除了主视图之外，还需要画出左视图或右视图，以表达局部结构的形状和分布情况，并把轴线作为直径方向的尺寸基准，重要端面作为长度方向的基准。

下面以图3-3为例，按看图步骤进行读图。

（1）看标题栏

从标题栏中的零件名称"阀盖"可以知道，该零件属于盘盖类零件；材料为铸钢

（ZG230—450）；1 件，说明每台球阀部件上需要一个阀盖；图样的比例是 1∶2，说明实物的大小比图上大一倍。

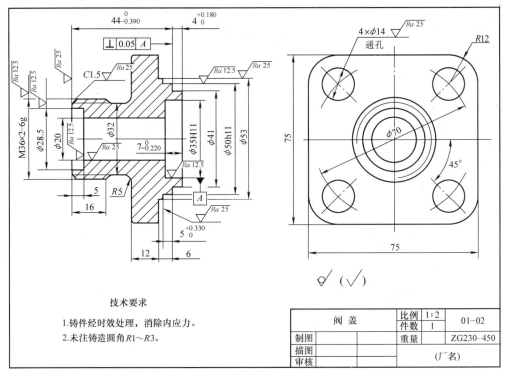

图 3-3　阀盖零件图

（2）根据投影规律分析图形

本零件图采用了主、左两个视图表达，主视图采用全剖，反映出阀盖的内部结构，左端有外螺纹 M36×2 连接管路；左视图表达出带圆角的 75×75 方形凸缘和 4 个 φ14 均匀布置的通孔，用于安装连接阀盖和阀体的 4 个双头螺柱。

（3）看尺寸标注

选用通过轴孔的水平轴线作为径向尺寸基准，是标注方形凸缘的高、宽方向的尺寸基准。长度方向尺寸基准是重要的端面，即以 $Ra12.5\mu m$ 的右端凸缘作为长度方向的尺寸基准，由此注出 4、44 等尺寸。

（4）看技术要求

对于重要的端面尺寸精度和位置精度都有要求，例如，φ35H11、φ50h11、垂直度 0.05 等。对零件的接触表面也有表面粗糙度的要求，例如表面粗糙度 12.5μm。图中还有文字表述的技术要求，例如铸件经时效处理，消除内应力。未注铸造圆角 R1~R3。

任务 3　轮盘类零件的测绘

盘盖类零件也是组成机器的常见零件。盘类零件的主要功用是连接、支承、轴向定位以及传递运动及动力等，例如离合器中的摩擦盘、联轴器中的主从动盘等。盖类零件的主要功用是定位、支承、密封等，例如轴承端盖、减速箱上盖等。

盘盖类零件的测绘主要是确定各部分内外径、厚度、孔深以及其他结构，测绘步骤如下。

（1）熟悉盘盖类零件

测绘前首先要了解零件在机器中的用途、结构、各部位的作用及与其他零件的关系。

（2）绘制零件草图

绘制盘盖类零件轮廓外形草图，并画出各部分的尺寸线和尺寸界线。

（3）尺寸测量

1）用游标卡尺或千分尺测量各段内、外径尺寸并圆整，使其符合国家标准推荐的尺寸系列。

2）用游标卡尺或千分尺直接测量盘盖的厚度尺寸并圆整。

3）用深度游标卡尺、深度千分尺或钢直尺测量阶梯孔的深度。

4）测量盘盖端面各孔直径尺寸，并用直接或间接测量法确定各孔间中心距或定位尺寸，如图 3-4 所示。

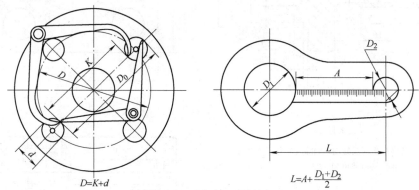

$$D=K+d$$

$$L=A+\frac{D_1+D_2}{2}$$

图 3-4 两孔中心距的测量

5）半径尺寸常用半径样板直接测量。此外还有一些间接测量半径的方法，图 3-5 给出了两种求半径的方法。

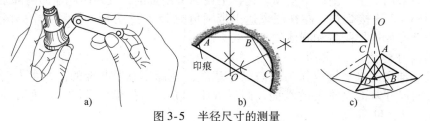

图 3-5 半径尺寸的测量

a）半径样板测半径 b）作图法求半径 c）45°三角板定圆心

6）测量其他结构尺寸，如螺纹、退刀槽、越程槽、油封槽、倒角等，查资料确定出标准尺寸。

（4）标注尺寸和几何公差

根据配合尺寸段的配合性质，用类比法或查资料确定尺寸公差和几何公差。

（5）确定表面粗糙度

用粗糙度量块对比或根据各部分的配合性质确定表面粗糙度。

表面粗糙度是零件表面的微观几何形状误差，它对零件的使用性能和耐用性有很大影响。确定表面粗糙度的方法很多，常用的方法有比较法、仪器测量法、类比法。比较法和仪器测量法适用于测量没有磨损或磨损极小的零件表面。对于磨损严重的零件表面只能用类比法来确定。

1）比较法确定表面粗糙度 比较法是将被测表面与粗糙度样板相比较，通过人的视觉、触觉，或借助放大镜来判断被测表面粗糙度的一种方法。利用粗糙度样板进行比较时，表面粗糙度样板的材料、形状、加工方法与被测表面应尽可能相同，以减少误差，提高判断的准确性。

用比较法评定表面粗糙度虽然不能精确地得出被测表面粗糙度数值，但由于器具简单、使用方便且能满足一般生产要求，故常用于工程实际。用比较法确定粗糙度的一般原则有以下几点。

① 同一零件上，工作表面的粗糙度值应比非工作表面小。

② 摩擦表面的粗糙度值应比非摩擦表面小，滚动摩擦表面的粗糙度值应比滑动摩擦表面小。

③ 运动速度高、单位面积压力大的表面及受交变应力作用的重要表面的粗糙度值都要小。

④ 配合性质要求越稳定，其配合表面的粗糙度值应越小；配合性质相同时，零件尺寸越小，粗糙度也应越小；同一精度等级，小尺寸比大尺寸的粗糙度要小，轴比孔的粗糙度要小。

⑤ 表面粗糙度参数值应与尺寸公差及形位公差相协调。一般来说，尺寸公差和几何公差小的表面，其粗糙度值也应小。

⑥ 防腐性、密封性要求高，外表要求美观的，表面粗糙度值应较小。

⑦ 凡有关标准已对表面粗糙度要求做出规定的，都应按标准规定选取表面粗糙度，如轴承、量规、齿轮等。

在选择参数值时，应仔细观察被测表面的粗糙度情况，认真分析被测表面的作用、加工方法、运动状态等，可按照表 3-1 初步选定粗糙度值，再对比表 3-2 做适当调整。

2）仪器测量法确定表面粗糙度　仪器测量法是利用测量仪器来确定被测表面粗糙度的一种方法，这也是确定表面粗糙度最精确的一种方法。

① 光切显微镜　光切显微镜可用于测量车、铣、刨及其他类似方法加工的金属外表面，是测量表面粗糙度的专用仪器之一。光切显微镜主要用于测定高度参数 Rz 和 Ra。测量 Rz 的范围一般为 $0.8 \sim 100\mu m$。

表 3-1　表面粗糙度参数推荐值

应用场合			$Ra/\mu m$		
	公差等级	表面	公称尺寸/mm		
			≤50	50 ~ 500	
经常装拆零件的配合表面（如挂轮、滚刀等）	IT5	轴	≤0.2	≤0.4	
		孔	≤0.4	≤0.8	
	IT6	轴	≤0.4	≤0.8	
		孔	≤0.8	≤1.6	
	IT7	轴	≤0.8	≤1.6	
		孔			
	IT8	轴	≤0.8	≤1.6	
		孔	≤1.6	≤3.2	
	公差等级	表面	公称尺寸/mm		
			≤50	>50 ~ 120	>120 ~ 500
过盈配合的配合表面：用压力机装配，用热孔法装配	IT5	轴	≤0.2	≤0.4	≤0.4
		孔	≤0.4	≤0.8	≤0.8
	IT6 ~ IT7	轴	≤0.4	≤0.8	≤1.6
		孔	≤0.8	≤1.6	≤1.6
	IT8	轴	≤0.8	≤1.6	≤3.2
		孔	≤1.6	≤3.2	≤3.2
	IT9	轴	≤1.6	≤3.2	≤3.2
		孔	≤3.2	≤3.2	≤3.2

（续）

应用场合			$Ra/\mu m$		
滚动轴承的配合表面	公差等级	表面	公称尺寸/mm		
			≤50	>50 ~ 120	>120 ~ 500
	IT6 ~ IT9	轴	≤0.8		
		孔	≤1.6		
	IT10 ~ IT12	轴	≤3.2		
		孔	≤3.2		

应用场合			$Ra/\mu m$					
精密定心零件的配合表面	公差等级	表面	径向圆跳动公差/μm					
			2.5	4	6	10	16	25
	IT5 ~ IT8	轴	≤0.05	≤0.1	≤0.1	≤0.2	≤0.4	≤0.8
		孔	≤0.1	≤0.2	≤0.2	≤0.4	≤0.8	≤1.6

表 3-2　表面粗糙度的表面特征、加工方法及应用

表面微观特性		$Ra/\mu m$	$Rz/\mu m$	加工方法	应用举例
粗糙表面	微见刀痕	≤20	≤80	粗车、粗刨、粗铣钻、毛锉、锯断	半成品粗加工过的表面，非配合的加工表面，如端面、倒角、钻孔、齿轮或带轮侧面、键槽底面、垫圈接触面等
半光表面	可见加工痕迹	≤10	≤40	车、刨、铣、镗、钻、粗铰	轴上不安装轴承、齿轮处的非配合表面；紧固件的自由装配表面，轴和孔的退刀槽等
	微见加工痕迹	≤5	≤20	车、刨、铣、镗、磨、拉、粗刮、滚压	半精加工表面，箱体、支架、盖面、套筒等与其他零件结合而无配合要求的表面，需要发蓝的表面等
半光表面	看不清加工痕迹	≤2.5	≤10	车、刨、铣、镗、磨、拉、刮、滚压、铣齿	接近于精加工表面，箱体上安装轴承的镗孔表面，齿轮的工作面
光表面	可辨加工痕迹方向	≤1.25	≤6.3	车、镗、磨、拉、精铰、磨齿、滚压	圆柱销、圆锥销，与滚动轴承配合的表面，卧式车床导轨面，内、外花键定心表面等
	微辨加工痕迹方向	≤0.63	≤3.2	精铰、精镗、磨、滚压	要求配合性质稳定的配合表面，工作时受交变应力的重要零件，较高精度车床的导轨面
	难辨加工痕迹方向	≤0.32	≤1.6	精磨、珩磨、研磨	精密机床主轴锥孔、顶尖圆锥面，发动机曲轴、凸轮轴工作表面，高精度齿轮齿面
极光表面	暗光泽面	≤0.16	≤0.8	精磨、研磨、普通抛光	精密机床主轴径表面、一般量规工作表面，汽缸套内表面、活塞销表面等
	亮光泽面	≤0.08	≤0.4	超精磨、精抛光、镜面磨削	精密机床主轴颈表面、滚动轴承的滚珠，高压油泵中柱塞和柱塞配合的表面
	镜状光泽面	≤0.04	≤0.2		
	镜面	≤0.01	≤0.05	镜面磨削、超精研	高精度量仪、量块的工作表面，光学仪器中的金属镜面

② 干涉显微镜　干涉显微镜主要用于测量表面粗糙度的 Rz 和 Ra 值，其 R 的测量范围通常为 0.05 ~ 0.8 μm。

③ 电动轮廓仪　电动轮廓仪是一种接触式测量表面粗糙度的仪器，其测量原理是利用金刚石探针与被测表面相接触，当针尖以一定的速度沿被测表面移动时，被测表面的微观凸凹将使指针在垂直于表面轮廓的方向上下移动，电动轮廓仪将这种上下移动转化为电信号并加以处理，直接指示表面粗糙度 Ra 的数值。电动轮廓仪的测量 Ra 的范围是 0.01 ~ 50 μm。

（6）确定材料和热处理硬度

用类比法或检测法确定盘盖类零件的材料和热处理硬度。

（7）校对

与相配合零件尺寸核对无误后，完成草图绘制，待装配图完成后，再依据草图绘制零件工作图。

学习情境4 测绘叉架类零件

叉架类零件的表达方案

公差与配合

学习目标：

1) 了解叉架类零件的结构特点。
2) 掌握叉架类零件的表达方案。
3) 掌握叉架类零件的读图方法。
4) 掌握叉架类零件测绘的方法及步骤。
5) 培养学生创新意识、工匠精神。

任务1 叉架类零件的表达方案选择

1. 叉架类零件的功能和结构特点

叉类零件包括拨叉、摇臂、连杆等，其功能为操纵、连接、传递运动或支承等。典型叉类零件如图4-1所示。

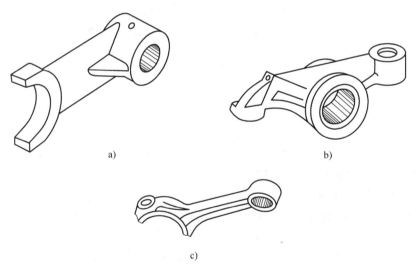

图4-1 典型叉类零件
a）拨叉 b）摇臂 c）连杆

架类零件包括支架、支座、托架等，其主要功能为支承。典型的架类零件如图4-2所示。

叉架类零件的结构比较复杂，形状不规则，一般由工作部分、支承部分和连接部分组成。工作部分为支承或带动其他零件运动的部分，一般为孔、平面、各种槽面或圆弧面等。支承部分是支承和安装自身的部分，一般为平面或孔等。连接部分为连接零件自身的工作部分和支承部分的那一部分，其截面形状有矩形、椭圆形、工字形、T字形、十字形等多种形式。叉架类零件的毛坯多为铸件或锻件，零件上常有铸造圆角、肋、凸缘、凸台等结构。

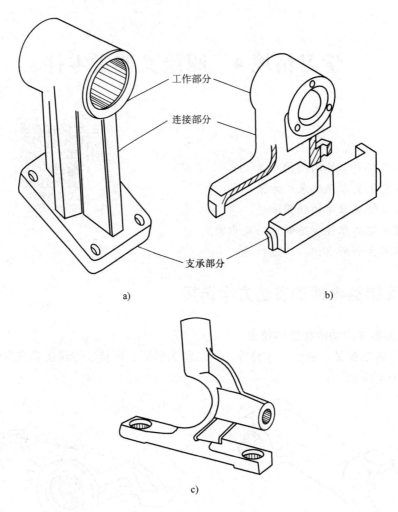

图 4-2　典型架类零件
a）支架　b）轴承座　c）跟刀架

2. 叉架类零件的视图表达及尺寸标注

（1）叉架类零件的视图表达

叉架类零件的结构比较复杂，形状特别、不规则，有些零件甚至无法自然平稳放置，所以零件的视图表达差异较大。一般可采用下述方案：

1）将零件按自然位置或工作位置放置，从最能反映零件工作部分和支架部分结构形状和相互位置关系的方向投影，画出主视图。

2）根据零件结构特点，可以再选用1~2个基本视图，或不再选用基本视图。如上述摇臂，采用一个俯视图，而跟刀架则未再选用基本视图。

3）基本视图常采用局部剖视、半剖视或全剖视表达方式。

4）连接部分常采用剖面来表达。

5）零件的倾斜部分和局部结构，常采用斜视图、局部视图、局部剖视图、剖面图等进行补充表达。

（2）叉架类零件的尺寸标注

1）叉架类零件一般以支承平面、支承孔的轴线、中心线、零件的对称平面和加工的大平面作为主要基准。

2）工作部分、支承部分的形状尺寸和相互位置尺寸是叉架类零件的主要尺寸。

3）叉架类零件的定位尺寸较多，且常采用角度定位。

4）叉架类零件的定形尺寸一般按形体分析法进行标注。

5）叉架类零件的毛坯多为铸、锻件，零件上的铸（锻）造圆角、斜度、过渡尺寸一般应按铸（锻）件标准取值和标注。

叉架类零件表达方案及尺寸标注举例如图 4-3 所示。跟刀架按自然位置（或工作位置）放置，主视图表达出支承底座和两个工作圆柱及孔的结构形状和相互位置关系。$B—B$ 全剖视图表达工作圆柱上四个螺孔的分布情况，连接部位的形状由移出断面图表达，底座上的安装孔位置由局部视图表达。

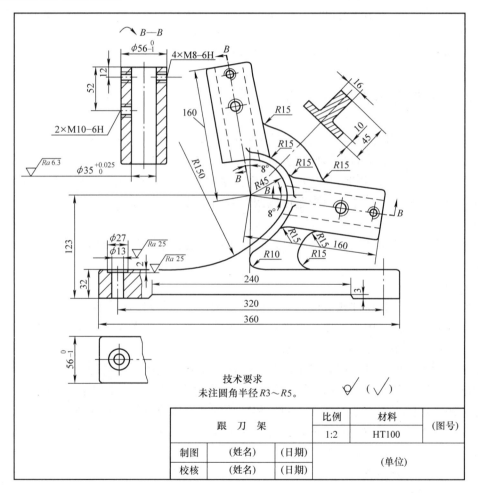

图 4-3　跟刀架零件图

3. 叉架类零件的技术要求

1）叉架类零件支承部分的平面、孔或轴应给定尺寸公差、几何公差及表面粗糙度。一般情况下，孔的尺寸公差取 H7，轴取 h6，孔和轴的表面粗糙度取 Ra 值为 6.3～1.6μm，孔和轴可给定圆度或圆柱度公差。支承平面的表面粗糙度一般取 $Ra = 6.3\mu m$，并可给定平面度公差。

2）定位平面应给定表面粗糙值和几何公差。一般取 $Ra = 6.3\mu m$，几何公差方面可对支承平面的垂直度公差或平行度公差提出要求，对支承孔可提出轴向圆跳动公差，轴的轴线可提出垂直度公差等要求。

3）叉架类零件工作部分的结构形状比较多样，常见的有孔、圆柱、圆弧、平面等，有些甚至是曲面或不规则形状结构。一般情况下，对工作部分的结构尺寸、位置尺寸应给定适当的公差，如孔径公差、孔到基准平面或基准孔的距离尺寸公差、孔或平面与基准面或基准孔之间的夹角公差等。另外还应给定必要的几何公差及表面粗糙度值，如圆度、圆柱度、平面度、平行度、垂直度、倾斜度等。

4）叉架类零件的常用毛坯为铸件和锻件。铸件一般应进行时效热处理，锻件应进行正火或退火热处理。毛坯不应有砂眼、缩孔等缺陷，应按规定标注出铸（锻）造圆角和斜度。根据使用要求提出必需的最终热处理方法及所达到的硬度及其他要求。

5）其他技术要求，如毛坯面涂漆、无损探伤检验等。

任务2　叉架类零件图的识读

大多数叉架类零件的形状结构按功能的不同常分为三部分：工作部分、安装固定部分和连接部分。如图4-4所示的踏脚座，上部直径为 $\phi 20^{+0.005}_{0}$ 的轴承是该支架的工作部分；下部支承板高80、宽90，并带有凹槽，为固定安装部分；通过中间的肋板，把工作部分和固定安装部分连接为一个整体。踏脚座可按四个看图步骤进行读图。

（1）看标题栏

从标题栏中可知零件名称是踏脚座，它在机器中起支承和连接作用；材料为灰铸铁；比例1:1。

（2）分析图形

叉架类零件一般是铸件或锻件，毛坯比较复杂，需经不同的机械加工工序，加工位置变化大且很难分清主次。因此叉架类零件在选择主视图时，主要考虑工作位置和形状特征。图4-4的主视图就是根据工作位置选定的。

由于叉架类零件往往具有倾斜结构，所以仅采用基本视图很难清楚地表达某些局部结构的详细形状，因此常常采用局部视图、斜视图、断面图等表达零件的细部结构。本图除了主视图外，还采用俯视图表达安装板、肋板和轴承的宽度以及它们的相对位置；此外，用A向局部视图，表达安装板左端面的形状；对T字形肋板，采用移出断面图表达肋的剖面形状。

有些叉架类零件在机器上的工作位置正好处于倾斜状态，为了便于制图，也可能将其摆正后投影，看图时要注意。

（3）看尺寸标注

叉架类零件的长度、宽度和高度三个方向上的尺寸基准，通常为孔的中心线、轴线、对称平面或较大的加工平面。例如，踏脚座零件以安装板左端面作为长度方向的尺寸基准；安装板的水平对称面作为高度方向的尺寸基准；从这两个基准出发，分别标注出74、95，定出上部轴承的轴线位置，作为 $\phi 20$、$\phi 38$ 的径向尺寸基准；宽度方向的尺寸基准是前后方向

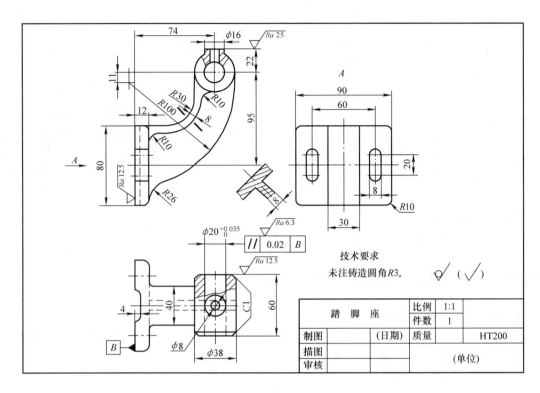

图 4-4　踏脚座零件图

的对称面，由此标注出的尺寸是 30、40、60，以及在 A 向局部视图中注出 60、90。

（4）看技术要求

踏脚座的重要部位是工作部位 $\phi20^{+0.035}_{0}$ 的轴承处，有尺寸公差要求，轴承内的表面粗糙度要求也较高，其轴线与安装板左端面还有平行度的要求。

因为踏脚座是铸件，所以零件表面相连处有较多的圆角，除图上已注出的圆角外，技术要求中注明"未注铸造圆角 R3"。

任务 3　叉架类零件的测绘

1）熟悉被测绘的零件。测绘前首先要了解叉架类零件的功能、结构、工作原理。了解零件在部件或机器中的安装位置，与相关零件的相对位置及周围零件之间的相对位置。

2）绘制零件草图。绘制叉架类零件草图，并画出各部分的尺寸线和尺寸界线。叉架类零件的支承部分和工作部分的结构尺寸和相对位置决定零件的工作性能，应认真测绘，尽可能达到零件的原始设计形状和尺寸。

3）对于已标准化的叉架类零件，如滚动轴承座（见 GB/T 7813—2008）等，测绘时应与标准对照，尽量取标准化的结构尺寸。

4）对于连接部分，在不影响强度、刚度和使用性能的前提下，可进行合理修整。

学习情境 5　测绘箱体类零件

学习目标：

1）了解箱体类零件的结构特点。
2）掌握箱体类零件的表达方案。
3）掌握箱体类零件的读图方法。
4）掌握箱体类零件测绘的方法及步骤。
5）培养学生立志成才、报效祖国的担当意识。

任务 1　箱体类零件的表达方案选择

1. 箱体类零件的结构特点

箱体类零件的主要功能是容纳、支承组成机器或部件的各种传动件、操纵件、控制件等有关零件，并使各零件之间保持正确的相对位置和运动轨迹，是设置油路通道、容纳油液的容器，是保护机器零件的壳体，又是机器或部件的基础件。

箱体类零件以铸造件为主（少数采用锻件或焊接件），其结构特点是：体积较大、形状较复杂，内部呈空腔形，壁薄且不均匀；体壁上常设有轴孔、凸台、凹坑、凸缘、肋板、铸造圆角、斜面、沟槽、油孔、窗口等各种结构。

2. 箱体类零件的表达方案

箱体类零件的结构形状较为复杂，一般为铸件，其加工位置较多。如图 5-1 所示的变速箱体，通常需要用三个或三个以上的视图，并应比较多地采用剖视的表达方法，以清楚地表示其内、外部结构形状。以变速箱体表达方案选择为例，步骤如下。

（1）方案 1

1）选定主视图的投射方向，如箭头 A 的方向。

2）选择视图数量。该零件可分解为 8 个部分，如图 5-1 中所标的 Ⅰ、Ⅱ、…、Ⅷ，可

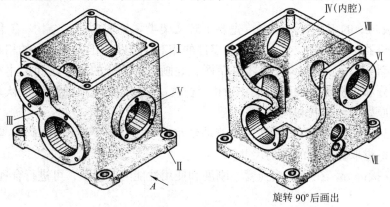

旋转 90° 后画出

图 5-1　变速箱体

用 7 个视图（主、俯、左、*C—C*、*D*、*E*、*F*）来表达，如图 5-2 所示。

该零件的外部结构形状前后相同，左右各异，上下不完全一样；它的内部结构形状前后基本相同，左右各异，而且结构都复杂。

在选择视图数量和表达方法时，根据它的外部结构形状，要表达它至少要 5 个视图。为了把它的内部结构形状表达清楚，可能还要增加几个视图（包括剖视）。这时，要看它的外部结构形状能否与内部结构形状结合起来表达，如果能结合起来表达，可以采用半剖视或局部剖视，如图 5-2 中的主视图。它的内部结构形状复杂，外部结构形状简单。因此，采用了 *A—A* 局部剖视。倘若不能结合起来表达，那么就需要分别表达，如在左视方向上采用 *D* 表达零件的外部结构形状；用 *B—B* 全剖视表达它的内部结构形状。

当然，需要根据内外结构特点综合考虑某一方向上是以视图为主，还是以剖视为主，为了把个别部分表达清楚，需要采用局部视图。

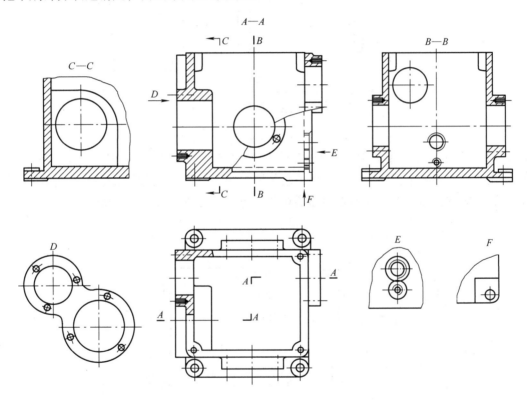

图 5-2　变速箱体表达方案 1

此外，为了表达尚未表达清楚的内部结构形状，采用局部剖视（在主视图上）和 *C—C* 剖视；尚未表达清楚的外部结构形状，采用了局部剖视 *E* 和 *F*。*A—A* 中采用虚线表达出内部结构形状和右壁上螺孔的形状及其位置关系。

（2）方案 2

图 5-3 共用了 5 个图形来表达，其中主、俯、左和 *C—C* 采用剖视图，另一个 *D* 则采用局部视图，和方案 1 相比较，各有特点，也是一个可用的表达方案。

（3）方案 3

图 5-4 共用了 6 个图形来表达，其中主、俯、左和 *C—C* 四个仍采用剖视图，另两个

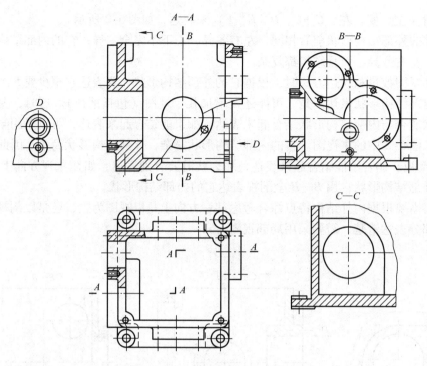

图 5-3　变速箱体表达方案 2

（D 和一个简化的局部视图）则采用局部视图，和方案 1、方案 2 相比较，比方案 1 少一个视图，比方案 2 多一个视图；主视图作了全剖视，加了一个简化的局部视图，对标注尺寸有益，更容易做到清晰。虽然视图数量用了 6 个，但显得更加清晰、突出和简便，是一个较优的方案。

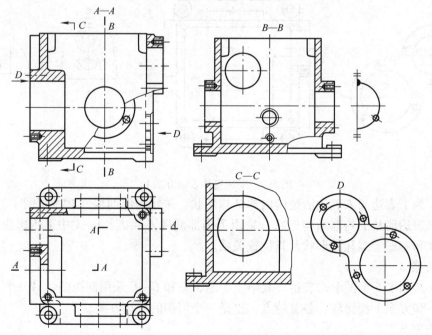

图 5-4　变速箱体表达方案 3

3. 箱体类零件尺寸标注

（1）合理选择尺寸基准

箱体类零件的底面一般都是设计基准、工艺基准、检验基准和安装基准。按照基准统一的原则，应以底面作为高度方向的尺寸基准，其他方向上以主要轴线、对称平面和端面作为尺寸基准。

（2）按照形体分析法标注尺寸

箱体类零件的形体都较为复杂，标注尺寸时应将零件或其上的结构划分成多个基本几何体，然后逐一标出定形尺寸和定位尺寸。在标注箱体类零件尺寸时，确定各部位的定位尺寸很重要，因为它关系到装配质量的好坏，为此首先要选择好基准面，一般以安装表面、主要孔的轴线和主要端面作为基准。当各部位的定位尺寸确定后，其定形尺寸才能确定。

（3）重要尺寸应直接标注

对于影响机器工作性能的尺寸一定要直接标注出来，如支承齿轮传动、蜗杆传动轴的两孔中心线间的距离尺寸，输入、输出轴的位置尺寸等。

（4）应标注出总体尺寸和安装尺寸

在箱体类零件中，有许多已有标准化结构和尺寸系列，如机床的主轴箱、动力箱，各种传动机构的减速箱，各种泵体、阀体等。在测绘这些零件时，应参照有关标准，向标准化结构和尺寸系列靠近。

4. 箱体类零件技术要求

（1）确定尺寸公差

箱体类零件的尺寸公差主要有孔径的基本偏差和公差，啮合传动轴支承孔之间中心距的尺寸公差等。

通常情况下，各种机床主轴箱上的主轴孔的公差等级取IT6，其他支承孔的公差等级取IT7。孔径的基本偏差视具体情况来定。啮合传动轴支承孔间的中心距公差应根据传动副的精度等级等条件选用，机床圆柱齿轮箱体孔中心距极限偏差见表5-1。蜗杆传动中心距极限偏差见表5-2。测绘中，可采用类比法，根据实践经验并参照有关资料和同类零件的尺寸公差，综合考虑后确定公差。

表 5-1　机床圆柱齿轮箱体孔中心距极限偏差 $\pm F_a$ 值　　　　　（单位：μm）

齿轮第Ⅱ公差组 精度等级		3~4级		5~6级		7~8级		9~10级	
	F_a	$\frac{1}{2}$IT6	$\frac{1}{2}$IT6.5	$\frac{1}{2}$IT7	$\frac{1}{2}$IT7.5	$\frac{1}{2}$IT8	$\frac{1}{2}$IT8.5	$\frac{1}{2}$IT9	$\frac{1}{2}$IT9.5
箱体孔中心距/mm	~50	8	10	12	15	19	24	31	39
	>50~80	9.5	12	15	18	23	29	37	47
	>80~120	11	14	17	21	27	34	43	55
	>120~180	12.5	16	20	25	31	39	50	62
	>180~250	14.5	18.5	23	29	36	45	57	72
	>250~315	16	20.5	26	32	40	52	65	82
	>315~400	18	22.5	28	35	44	55	70	90
	>400~500	20	25	31	39	48	62	77	97

（续）

齿轮第Ⅱ公差组精度等级		3 ~ 4 级		5 ~ 6 级		7 ~ 8 级		9 ~ 10 级	
F_a		$\frac{1}{2}$IT6	$\frac{1}{2}$IT6.5	$\frac{1}{2}$IT7	$\frac{1}{2}$IT7.5	$\frac{1}{2}$IT8	$\frac{1}{2}$IT8.5	$\frac{1}{2}$IT9	$\frac{1}{2}$IT9.5
箱体孔中心距 /mm	>500 ~ 630	22	27.5	35	44	55	70	87	110
	>630 ~ 800	25	31.5	40	50	62	80	100	127
	>800 ~ 1000	28	35.5	45	55	70	90	115	145
	>1000 ~ 1250	33	41.5	52	65	82	102	130	165
	>1250 ~ 1600	39	49.5	62	77	97	122	155	197
	>1600 ~ 2000	46	57.5	75	92	115	145	185	235
	>2000 ~ 2500	55	70	87	110	140	175	220	227

注：对齿轮第Ⅱ公差组精度为 5 级和 6 级的，箱体孔距 F_a 值允许采用 $\frac{1}{2}$IT8。精度为 7 级和 8 级，箱体孔距 F_a 值允许采用 $\frac{1}{2}$IT9。

表 5-2　蜗杆传动中心距极限偏差（$\pm f_a$）f_a 值　　　　（单位：μm）

传动中心距 a /mm	精 度 等 级											
	1	2	3	4	5	6	7	8	9	10	11	12
≤30	3	5	7	11	17		26		42		65	
>30 ~ 50	3.5	6	8	13	20		31		50		80	
>50 ~ 80	4	7	10	15	23		37		60		90	
>80 ~ 120	5	8	11	18	27		44		70		110	
>120 ~ 180	6	9	13	20	32		50		80		125	
>180 ~ 250	7	10	15	23	36		58		92		145	
>250 ~ 315	8	12	16	26	40		65		105		160	
>315 ~ 400	9	13	18	28	45		70		115		180	
>400 ~ 500	10	14	20	32	50		78		125		200	
>500 ~ 630	11	15	22	35	55		87		140		220	
>630 ~ 800	13	18	25	40	62		100		160		250	
>800 ~ 1000	15	20	28	45	70		115		180		280	
>1000 ~ 1250	17	23	33	52	82		130		210		330	
>1250 ~ 1600	20	27	39	62	97		155		250		390	
>1600 ~ 2000	24	32	46	75	115		185		300		460	
>2000 ~ 2500	29	39	55	87	140		220		350		550	

（2）确定几何公差

箱体类零件的几何公差主要有孔的圆度公差或圆柱度公差，孔的位置度公差，孔对基准面的平行度或垂直度公差，孔系之间的平行度、同轴度或垂直度公差等。有些几何公差已有标准，其中，剖分式减速器箱体的几何公差见表 5-3，机床圆柱齿轮箱体孔轴线平行度公差值见表 5-4。

表 5-3　剖分式减速器箱体的几何公差

几何公差		公差等级	说　明
形状公差	轴承孔的圆度或圆柱度	6～7	影响箱体与轴承的配合性能及对中性
	剖分面的平面度	7～8	影响剖分面的密合性及防渗漏性能
位置公差	轴承孔中心线间的平行度	6～7	影响齿面接触斑点及传动的平稳性
	两轴承中心线的同轴度	6～8	影响轴系安装及齿面负荷分布的均匀性
	轴承孔端面对中心线的垂直度	7～8	影响轴承固定及轴向受载的均匀性
	轴承孔中心线对剖分面的位置度	<0.3mm	影响孔系精度及轴系装配
	两轴承孔中心线间的垂直度	7～8	影响传动精度及负荷分布的均匀性

表 5-4　机床圆柱齿轮箱体孔轴线平行度公差值　　　　　　（单位：μm）

轴承孔支承距 B /mm	轴线平行度公差等级							
	3	4	5	6	7	8	9	10
～63	9	11	14	18	22	28	35	43
>63～100	10	13	16	20	25	32	40	50
>100～160	12	16	20	24	30	38	48	60
>160～250	15	19	23	29	36	45	57	71
>250～500	18	22	28	35	44	54	68	85
>500～630	22	27	34	42	53	66	82	105
>630～1000	26	32	40	50	63	80	100	130
>1000～1600	32	40	50	63	80	100	125	160
>1600～2500	40	50	62	80	100	120	150	200

（3）确定表面粗糙度值

箱体类零件的加工表面应标注表面粗糙度值。确定时，可根据测量结果，参照前文讲述的"表面粗糙度的确定"有关内容来确定，对于非加工表面则以"√"表示。剖分式减速器箱体的表面粗糙见表 5-5。

表 5-5　剖分式减速器箱体的表面粗糙度　　　　　　（单位：μm）

加 工 表 面	Ra	加 工 表 面	Ra
减速器剖分面	3.2～1.6	减速器底面	12.5～6.3
轴承座孔面	3.2～1.6	轴承座孔外端面	6.3～3.2
圆锥销孔面	3.2～1.6	螺栓孔座面	12.5～6.3
嵌入盖凸缘槽面	6.3～3.2	油塞孔座面	12.5～6.3
视孔盖接触面	12.5	其他表面	>12.5

（4）确定材料及热处理

箱体类零件的材料以灰铸铁为主，其次有锻件、焊接件。铸件常采用时效热处理，锻件和焊接件常采用退火或正火热处理。

（5）确定其他技术要求

根据需要，提出一定条件的技术要求，常见的有如下几点：

1）铸件不得有裂纹、缩孔等缺陷。

2）未注铸造圆角 R 值、起模斜度值等。

3）热处理要求，如人工时效、退火等。

4）表面处理要求，如清理及涂漆等。

5）检验方法及要求，如无损检验方法，接触表面涂色检验及接触面积要求等。

任务2 箱体类零件图的识读

箱体类零件主要指各类机体（座）、泵体、阀体、尾架体等。图5-5是阀体的零件图，阀体是球阀的主要零件之一，分析阀体的形体结构时，对照球阀的装配图进行读图，现以此为例说明看零件图的步骤。

1. 看标题栏

从标题栏中可知零件名称是阀体，它是用来容纳和支承阀杆、阀芯及密封圈的箱体类零件；材料为铸钢（ZG25）；比例为1:2，说明实物的大小比图形大一倍。

2. 分析图形

阀体零件图采用三个基本视图，主视图按工作位置投影，采用全剖视图，表达阀体空腔和阀杆轴孔的内部形状结构；左视图采用半剖视图，在进一步表达箱体空腔形状结构的同时，着重表达阀体与阀盖连接用的4个螺孔的分布情况（4×M12-7H）；俯视图主要表达阀体的外部形状，阀体的顶端有90°扇形限位凸块，用以控制扳手和阀杆的旋转角度。阀体的内、外表面均有一部分表面需要进行切削加工。

3. 看尺寸标注

鉴于阀体的结构比较复杂，尺寸数量繁多，通常运用形体分析的方法逐个分析尺寸。一般箱体类零件的对称平面、主要孔的轴线、较大的加工平面或安装基面常作为长、宽、高三个方向尺寸的主要基准。该阀体长度方向以阀体垂直孔的轴线为基准；由于阀体前后结构对称，故宽度方向以阀体的前后对称面为基准；径向以阀体水平轴线为基准。

4. 看技术要求

阀体的重要尺寸均有尺寸公差要求，如 $\phi 50^{+0.005}_{0}$ 等；表面粗糙度要求也较高，为 $Ra12.5$；空腔的右端面、$\phi 18$ 的轴线还有垂直度要求。由于该零件是铸件，阀体的内、外表面都有一部分要进行切削加工，加工之前必须先做时效处理。

任务3 箱体类零件的测绘

1. 了解和分析所测绘的箱体类零件

了解该零件的作用，确定它的材料及热处理，分析其结构及加工工艺，拟定表达方案。

2. 绘制零件草图

以目测比例详细画出表达零件内、外形状的完整图样。选择各方向的尺寸基准，按正确、完整，尽可能合理、清晰的要求画出尺寸界线、尺寸线及箭头。

3. 测量零件的尺寸

箱体类零件的体形较大，结构较复杂，且非加工面较多，所以常采用金属直尺，钢卷尺，内、外卡钳，游标卡尺，游标深度尺，游标高度尺，内、外径千分尺，游标万能角度尺，圆角规等量具，并借助检验平板、方箱、直角尺、千斤顶和检验心轴等辅助量具进行测量。

（1）孔位置尺寸的测量

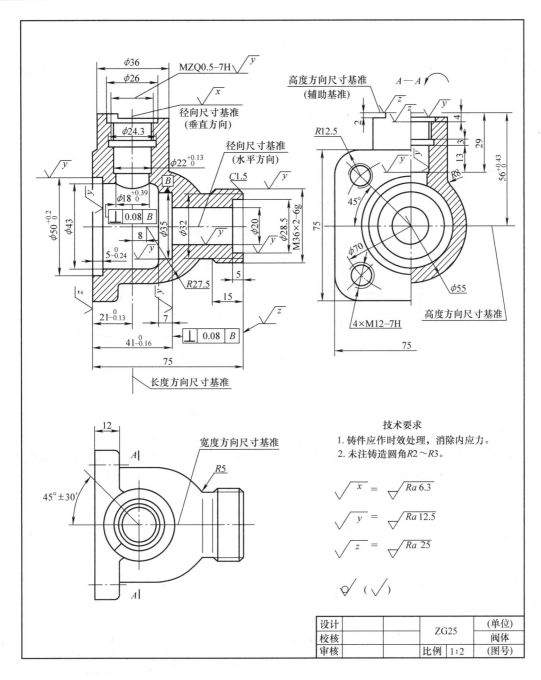

图 5-5　阀体零件图

孔轴线到基准面的距离常借助检验平板、等高垫块，用游标高度尺或量块和百分表进行测量。

如图 5-6a 所示，在检验平板上先测出心轴上素线在垂直方向上的高度 y_1'、y_2'，再减去等高垫块的厚度和心轴半径，即得各孔轴线在 Y 方向上到基准面的距离 y_1、y_2；然后将箱体翻转 90°，用同样的方法进行测量，并计算出各孔轴线在 x 方向上到基准面的距离。用这种方法还可以计算出两孔间的中心距 a，即

$$a = \sqrt{(x_1 - x_2)^2 + (y_1 - y_2)^2}$$

图 5-6b 为大直径孔的测量方法。在检验平板上，用游标高度尺测出孔的下素线（或上素线）到基准面的距离 B_1、B_2，用下式计算出各孔轴线到基准面的距离 A_1、A_2 和两孔间的中心距 a，即

$$A_1 = B_1 + \frac{D_1}{2}$$

$$A_2 = B_2 + \frac{D_2}{2}$$

$$a = A_2 - A_1$$

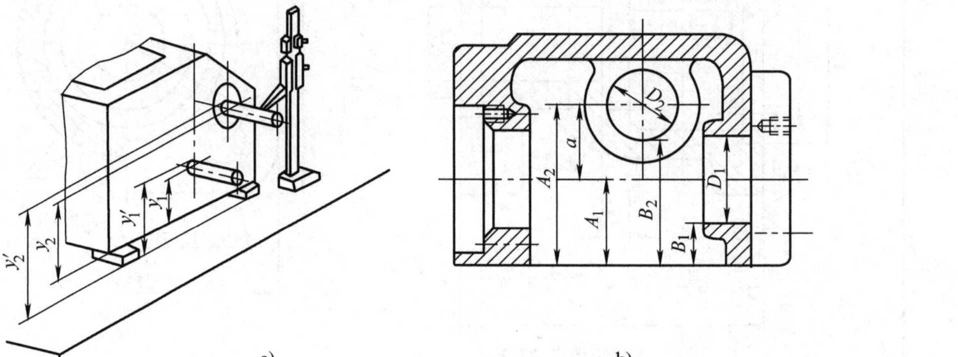

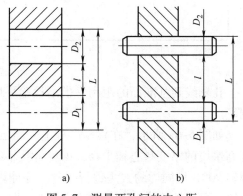

图 5-6　孔轴线到基准面距离的测量

另外，两孔间的中心距可以用游标卡尺、心轴进行测量，如图 5-7 所示。

孔径较大时，直接用游标卡尺的下量爪测出孔壁间的最小距离 Z，或用游标卡尺的上量爪测出孔壁间的最大距离 L，如图 5-7a 所示。用下式计算出中心距 a，即

$$a = l + \frac{D_1}{2} + \frac{D_2}{2}$$

$$a = L - \frac{D_1}{2} - \frac{D_2}{2}$$

(5-1)

孔径较小时，可在孔中插入心轴，如图 5-7b 所示。用游标卡尺测出 l 或 L，用式（5-1）计算出两孔间的中心距。

值得注意的是：对于支承啮合传动副传动轴的两孔间的中心距离，应符合啮合传动中心距的要求。

（2）斜孔的测量

在箱体、阀体上经常会出现各式各样的斜孔，测绘时需要测出孔的倾斜角度，以及轴线与端平面交点到基准面的距离尺寸。常用的方法是在孔中插一检验心轴，用游标万能角度尺测出孔的倾斜角度，在心轴上放一标准圆柱并校平，如图 5-8a 所示。测出尺寸后，用下式计

图 5-7　测量两孔间的中心距

算出位置尺寸 L，即

$$L = M - \frac{D}{2} + \frac{D+d}{2\cos\alpha} - \frac{D}{2}\tan\alpha$$

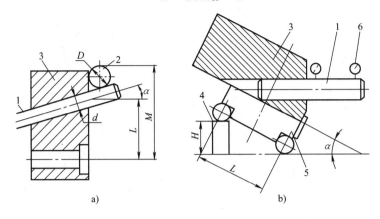

图 5-8　斜孔的测量

1—心轴　2—标准圆柱　3—工件　4—量块　5—正弦规　6—百分表

需要精确位置时，可用正弦规测量角度，如图 5-8b 所示，用下式计算出倾斜角仪，即

$$\alpha = \arcsin\frac{H}{L}$$

（3）凸缘的测量

凸缘的结构形式很多，有些极不规则，测绘时可采用以下几种方法。

1）拓印法　将凸缘清洗干净，在其平面上涂一薄层红丹粉，将凸缘的内、外轮廓拓印在白纸上，然后按拓印的形状进行测绘。也可以用铅笔和硬纸板进行拓描，然后在拓描的硬纸板上进行测绘。

2）软铅拓形法　将软铅紧压在凸缘的轮廓上，使软铅的形状与凸缘轮廓形状完全吻合。然后取出软铅，平放在白纸上，进行描绘和测量。

3）借用配合零件测绘法　箱体零件上的凸缘形状与相配合零件的配合面形状有一定的对应关系。如凸缘上纸垫板（垫圈）和盖板，端盖的形状与凸缘的形状基本相同，可以通过对这些配合零件配合面的测绘来确定凸缘的形状和尺寸。

（4）内环形槽的测量

测量内环形槽直径时，可以用弹簧卡钳和带刻度卡钳来测量，如图 5-9a、b 所示。另外还可以用印模法，即把石膏、石蜡、橡皮泥等印模材料铸入或压入环形槽中，拓出阳模，如图 5-9c 所示。取出后测出凹槽深度 C，即可计算出环形槽的直径尺寸。对于短槽，还可以测出其长度尺寸。

内槽的长度尺寸可以用钩形游标深度尺进行测量，如图 5-9d 所示。

（5）油孔的测量

箱体类零件上润滑油、液压油的通道比较复杂，为了弄清各孔的方向、深浅和相互之间的联接关系，可以用以下几种方法进行测量。

1）插入检查法　用细铁丝或软塑料管线插入孔中进行检查和测量。

2）注液检查法　将油液或其他液体直接注入孔中，检查孔的联接关系。

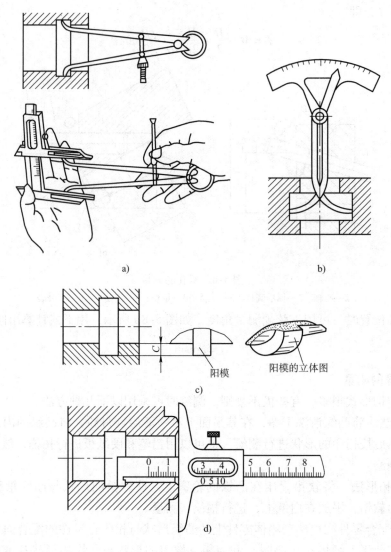

图5-9 内环行槽的测量

3）吹烟检查法 将烟雾吹入孔中，检查孔的联接关系。

后两种方法与第一种方法配合，便可测绘出各孔的联接关系、走向及深度尺寸。

4. 箱体类常见结构及标注示例

（1）凸台和凹坑

凸台和凹坑是箱体上与其他零件相接触的表面，一般都要进行加工。为了减少加工表面、降低成本，并提高接触面的稳定性，常设计成如图5-10所示的结构形式。

（2）凸缘

凸缘是箱体类零件上，轴孔、窗口、油标、安装操纵装置等需要加工的箱壁处加厚的凸出部分，以满足装配、加工尺寸和增加刚度。常见的结构形式如图5-11所示。

（3）铸造圆角

铸件上相邻两表面相交处应以圆角过渡，这样可以防止产生浇铸裂纹。铸造圆角半径的大小应与相邻两壁夹角的大小和壁厚相适应。测绘时，可以参照表5-6和表5-7取标准值。

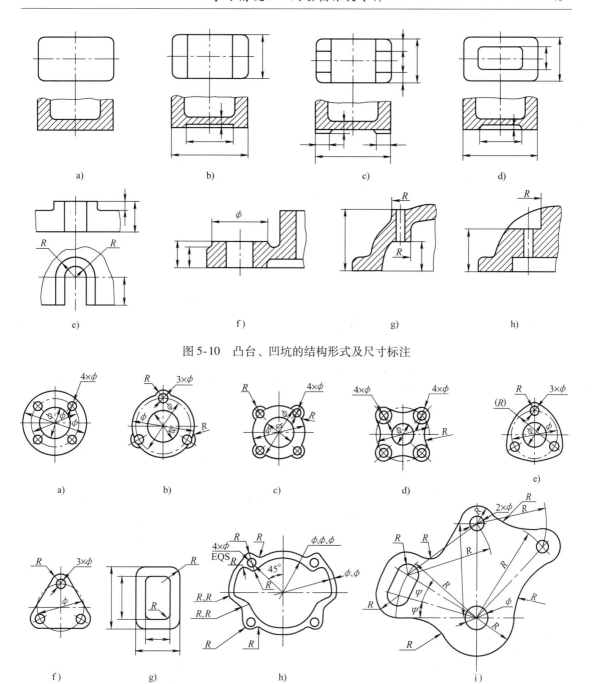

图 5-10 凸台、凹坑的结构形式及尺寸标注

图 5-11 凸缘的结构形式

在箱体类零件图样上，对于非加工表面上的铸造圆角均应画出；对于经过机加工后的铸造圆角不再画出。个别铸造圆角半径可直接标注在图样上，一般可在技术要求中集中标注，如在技术要求中注出"未注铸造圆角为 $R5$，或 $R3 \sim R5$"。

（4）铸造斜度

在造型时，为了便于把模型从砂型中取出，要在铸件沿起模方向上设计一定的斜度，如

图 5-12 所示。铸造斜度的大小取决于垂直壁的高度，角度有 30′、1°、3°、5°30′、11°30′ 等。通常垂直壁越高，斜度越小，具体数值可参见表 5-8。

表 5-6　铸造外圆角半径　　　　　　　　（单位：mm）

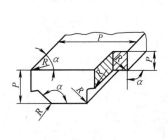

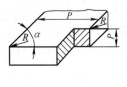

表面的最小 边尺寸 P	外圆角半径 R 值					
	外圆角 α					
	≤50°	51°~75°	76°~105°	106°~135°	136°~165°	>165°
≤25	2	2	2	4	6	8
>25~60	2	4	4	6	10	16
>60~160	4	4	6	8	16	25
>160~250	4	6	8	12	20	30
>250~400	6	8	10	16	25	40
>400~600	6	8	12	20	30	50
>600~1000	8	12	16	25	40	60
>1000~1600	10	16	20	30	50	80
>1600~2500	12	20	25	40	60	100
>2500	16	25	30	50	80	120

注：当铸件不同部位按上表可选出不同的圆角 R 数值时，应尽量减少或只取一适当的 R 数值，以求统一。

表 5-7　铸造内圆角半径　　　　　　　　（单位：mm）

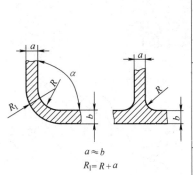

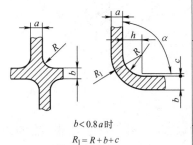

$a \approx b$
$R_1 = R + a$

$b < 0.8a$ 时
$R_1 = R + b + c$

$\dfrac{a+b}{2}$	内圆角半径 R 值											
	内圆角 α											
	<50°		51°~75°		76°~105°		106°~135°		136°~165°		>165°	
	钢	铁	钢	铁	钢	铁	钢	铁	钢	铁	钢	铁
≤8	4	4	4	4	6	4	8	6	16	10	20	16
9~12	4	4	4	4	6	6	10	8	16	12	25	20
13~16	4	4	6	4	8	6	12	10	20	16	30	25
17~20	6	4	8	6	10	8	16	12	25	20	40	30
21~27	6	6	10	8	12	10	20	16	30	25	50	40
28~35	8	6	12	10	16	12	25	20	40	30	60	50
36~45	10	8	16	12	20	16	30	25	50	40	80	60
46~60	12	10	20	16	25	20	35	30	60	50	100	80
61~80	16	12	25	20	30	25	40	35	80	60	120	100
81~110	20	16	25	20	35	30	50	40	100	80	160	120
111~150	20	16	30	25	40	35	60	50	100	80	160	120
151~200	25	20	40	30	50	40	80	60	120	100	200	160
201~250	30	25	50	40	60	50	100	80	160	120	250	200
251~300	40	30	60	50	80	60	120	100	200	160	300	250
≥300	50	40	80	60	100	80	160	120	250	200	400	300

c 和 h 值	b/a	<0.4	0.5~0.65	0.66~0.8	>0.8
	$c \approx$	0.7 $(a-b)$	0.8 $(a-b)$	$a-b$	—
	$h \approx$ 钢	8c			
	$h \approx$ 铁	9c			

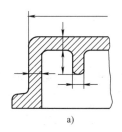 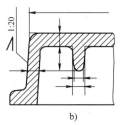 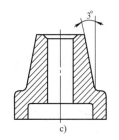

a) b) c)

图 5-12　铸件上的铸造斜度

表 5-8　铸造斜度及过渡斜度

铸 造 斜 度			
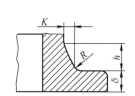不同壁厚的铸件在转折点处的斜角最大可增大到 30°~45°	斜度b:h	角度β	使 用 范 围
	1:5	11°30′	h<25mm 的钢和铁铸件
	1:10 1:20	5°30′ 3°	h=25~500mm 时的钢和铁铸件
	1:50	1°	h>500mm 时的钢和铁铸件
	1:100	30′	非铁金属铸件

铸 造 过 渡 斜 度			
适用于减速器箱体、连接管、气缸及其他连接法兰的过渡处	铸铁和铸钢件的壁厚δ	K	h	R
		mm		
	10~15	3	15	
	>15~20	4	20	5
	>20~25	5	25	
	>25~30	6	30	8
	>30~35	7	35	
	>35~40	8	40	
	>40~45	9	45	10
	>45~50	10	50	
	>50~55	11	55	
	>55~60	12	60	
	>60~65	13	65	15
	>65~70	14	70	
	>70~75	15	75	

（5）铸件的外壁、内壁与肋的厚度

铸件的壁厚要合理，以保证铸件的力学性能和铸造工艺性。一般情况下，肋的厚度应比内壁的厚度小，内壁的厚度应比外壁的厚度小。各种类型铸造件的壁厚见表5-9。

表 5-9　外壁、内壁与肋的厚度

零件重量 /kg	零件最大 外形尺寸	外壁 厚度	内壁 厚度	肋的 厚度	零件举例
	mm				
~5	300	7	6	5	盖、拨叉、杠杆、端盖、轴套
6~10	500	8	7	5	盖、门、轴套、挡板、支架、箱体
11~60	750	10	8	6	盖、箱体、罩、电动机支架、溜板箱体、支架、托架、门

（续）

零件重量 /kg	零件最大 外形尺寸	外壁 厚度	内壁 厚度	肋的 厚度	零件举例
		mm			
61 ~ 100	1250	12	10	8	盖、箱体、镗模架、液压缸体、支架、溜板箱体
101 ~ 500	1700	14	12	8	油盘、盖、床鞍箱体、带轮、镗模架
501 ~ 800	2500	16	14	10	镗模架、箱体、床身、轮缘、盖、滑座
801 ~ 1200	3000	18	16	12	小立柱、箱体、滑座、床身、床鞍、油盘

铸件的壁厚应尽可能均匀。厚、薄壁之间的连接应逐步过渡，常见的过渡形式见表 5-10。

表 5-10　壁厚的过渡形式及尺寸　　　　　　　　　（单位：mm）

图　例	过渡尺寸										
$b \leq 2a$	铸铁	$R \geqslant \left(\dfrac{1}{3} \sim \dfrac{1}{2} \right)\left(\dfrac{a+b}{2} \right)$									
	铸钢 可锻铸铁	$\dfrac{a+b}{2}$	< 12	12 ~ 16	16 ~ 20	20 ~ 27	27 ~ 35	35 ~ 45	45 ~ 60	60 ~ 80	80 ~ 110	110 ~ 150
	非铁合金	R	6	8	10	12	15	20	25	30	35	40
$b > 2a$	铸铁	$L \geqslant 4\,(b-a)$									
	铸钢	$L \geqslant 5\,(b-a)$									
$b \leq 1.5a$		$R \geqslant \dfrac{2a+b}{2}$									
$b > 1.5a$		$L = 4\,(a+b)$									

5. 箱体类零件位置精度检验

箱体类零件孔系之间相互位置精度检验方法如下。

（1）同轴孔系同轴度的检验

按图 5-13 所示，在两端孔中配入专配的检验套，再将标准心轴推入检验套中，把百分表固定在心轴上，使表头触及中间孔表面并校准一零位，然后转动心轴一周，读取读数。如此在被测孔两端的多个径向读取读数，其中最大读数即为中间孔对两端孔公共轴线的同轴度误差值。

（2）平行孔系平行度的检验

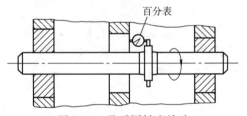

图 5-13　孔系同轴度检验

对于大孔，可以直接测出两端孔口的壁距 l 或 L，如图 5-7a 所示；对于小孔，可以插入检验心轴，再测出近两端孔口处的 l 或 L，如图 5-7b 所示。两孔轴线的平行度误差即为

$$\Delta = |\,l - l'\,| = |\,L - L'\,|$$

（3）垂直孔的垂直度及偏离量的检验

当垂直孔的轴线在同一平面时，按图 5-14a 所示，分别在垂直孔中配入检验套并插入检验心轴 1、2，将百分表固定在心轴 1 上，转动心轴 1，百分表在 180° 两个位置的读数差 δ 即为两孔在 l 长度上的垂直度误差，箱壁长度上的垂直度误差为

$$\Delta = \frac{\delta}{l} L$$

在心轴 1 的端部加工一测量平面，如图 5-14b 所示，用塞尺测出心轴 2 与心轴 1 测量平面间的间隙 Δ_1，把心轴 1 转过 180°，测出两者在另一测的间隙 Δ_2，两孔轴线的偏离量为

$$\Delta = \frac{|\Delta_1 - \Delta_2|}{2}$$

当两垂直孔的轴线不在同一平面上时，按图 5-14c 所示，将箱体用千斤顶支承在检验平板上。在孔中插入检验心轴，将直角尺沿心轴 1 的轴线方向放置在检验平板上，调整千斤顶，使心轴 2 与直角尺切平。用百分表测量心轴 2 对平板的平行度误差即为两孔轴线在 z 长度上的垂直度误差。

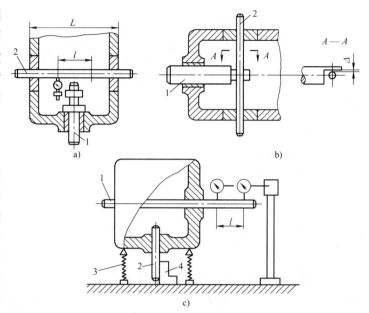

图 5-14　垂直孔垂直度和偏离量的检验
1、2—心轴　3—可调支承　4—直角尺

（4）孔到基准面的距离与平行度的测量和检验

按图 5-15 所示，将箱体放置在检验平板上，在孔中配入检验套，插入检验心轴，用游标高度尺或百分表测出心轴两端的尺寸 h_1 和 h_2。孔到基准平面的距离尺寸为

$$h = \frac{h_1 + h_2}{2} - \frac{d}{2} - a$$

孔与基准平面的平行度误差为

$$\Delta = \frac{L_1}{L_2}|h_1 - h_2|$$

（5）孔与端面垂直度的检验

按图 5-16a 所示，将带检验盘的检验心轴插入孔中，用塞尺测出检验圆盘与端面间的间隙，即可得出孔与端平面间的垂直度误差。按图 5-16b 所示，在孔中配入检验套，再插入检验心轴，并用方箱防止心轴轴向移动。将百分表固定在心轴上，转动心轴 180°，读取读数差，测量多个直径方向上的读数差，其中最大的读数差即为孔与端面的垂直度误差。

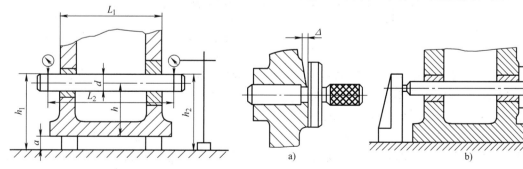

图 5-15　孔到基准平面的距离与平行度检验　　　　图 5-16　孔与端面垂直度检验

学习情境6 测绘特殊零件

学习目标：

1) 了解特殊零件的结构特点、作用。
2) 掌握特殊零件的画法。
3) 掌握特殊零件测绘的方法及步骤。

任务1 测绘螺纹类零件

1. 了解螺纹类零件的结构特点及作用

螺纹是指在圆柱或圆锥表面上，沿着螺旋线所形成的具有相同剖面的连续凸起，一般将其称为"牙"。在圆柱或圆锥外表面上形成的螺纹称为外螺纹，在其内孔表面上所形成的螺纹称为内螺纹。

螺纹按用途不同，可分为两种：

1) 联接螺纹 起联接作用的螺纹。常用的有四种标准螺纹，即粗牙普通螺纹、细牙普通螺纹、管螺纹和锥管螺纹。管螺纹又分为非螺纹密封的管螺纹和用螺纹密封的管螺纹。

2) 传动螺纹 用于传递动力和运动的螺纹。常用的有梯形螺纹和锯齿形螺纹。

2. 螺纹的标注

由于各种不同螺纹的画法都是相同的，无法表示出螺纹的种类和要素，因此绘制螺纹图样时，必须通过标注予以明确。各种常用螺纹的标注方法如表6-1所示。

（1）普通螺纹

普通螺纹的完整标注由螺纹代号、螺纹公差带代号和螺纹旋合长度代号三部分组成。例如：

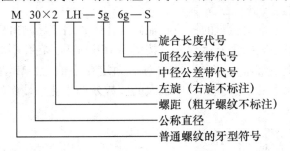

$$M \quad 30 \times 2 \quad LH - 5g \quad 6g - S$$

旋合长度代号
顶径公差带代号
中径公差带代号
左旋（右旋不标注）
螺距（粗牙螺纹不标注）
公称直径
普通螺纹的牙型符号

普通螺纹代号包括牙型代号、螺纹的公称直径、螺距和旋向等。粗牙螺纹的螺距省略不注（右旋螺纹的旋向省略不注，左旋时加注 LH。各种螺纹的标注皆如此）。

公差带代号包括中径公差带代号和顶径公差带代号，外螺纹用小写字母表示，内螺纹用大写字母表示。如果中径公差带代号与顶径公差带代号相同，则只标注一个公差带代号。

旋合长度分为三种，即短旋合长度（S）、中等旋合长度（N）、长旋合长度（L）。由于中等旋合长度应用较多，为了简化，可省略不注（N）。

（2）管螺纹

非螺纹密封的管螺纹的标注由螺纹特征代号、尺寸代号和公差等级代号三部分组成。螺纹特征代号用字母 G 表示；尺寸代号用阿拉伯数字表示，单位是英寸；螺纹公差等级代号，外螺纹分 A、B 两级，内螺纹则不加标记。

用螺纹密封的管螺纹的标注由螺纹特征代号和尺寸代号两部分组成。螺纹的特征代号为：

Rc—圆锥内螺纹；

R—圆锥外螺纹；

Rp—圆柱内螺纹。

应注意：各种管螺纹的公称直径只是尺寸代号，其数值与管子的孔径相近，而不是管螺纹的大径。若要确定管螺纹的大径、中径、小径的数值，需根据其尺寸代号从表 6-4 中查取。

（3）梯形螺纹和锯齿形螺纹

梯形螺纹和锯齿形螺纹的标注内容相同，均按下面的顺序标注：

牙型符号、公称直径、螺距或导程（螺距）、旋向、公差带代号、旋合长度代号。

梯形螺纹的牙型代号为"Tr"，锯齿形的牙型代号为"8"。单线螺纹的尺寸规格用"公称直径×螺距"表示；多线螺纹用"公称直径×导程（P 螺距）"表示。

表 6-1 螺纹的标记

螺纹种类		标注示例	代号的识别	标注要点说明
连接螺纹	普通螺纹（M）	M20-5g6g-S	粗牙普通螺纹，公称直径为 20，右旋，中径、顶径公差带分别为 5g、6g，短旋合长度	1. 粗牙螺纹不注螺距，细牙螺纹标注螺距 2. 右旋省略不注，左旋以"LH"表示（各种螺纹皆如此） 3. 中径、顶径公差带相同时，只注一个公差带代号 4. 中等旋合长度不注 5. 螺纹标记应直接注在大径的尺寸线或延长线上
		M20×2LH-6H	细牙普通螺纹，公称直径为 20，螺距 2，左旋，中径、小径公差带皆为 6H，中等旋合长度	
	管螺纹 非螺纹密封的管螺纹（G）	G1½A	非螺纹密封的管螺纹，尺寸代号为 $1\frac{1}{2}$，公差为 A 级，右旋	1. 非螺纹密封的管螺纹，其内、外螺纹都是圆柱管螺纹 2. 外螺纹的公差等级代号分为 A、B 两级，内螺纹不标记
		G1½-LH	非螺纹密封的管螺纹，尺寸代号为 $1\frac{1}{2}$，左旋	

国家标准规定，公称直径以 mm 为单位的螺纹，其标记应直接标注在大径的尺寸线或其延长线上；管螺纹的标记一律标注在引出线上，引出线应由大径处引出或由对称中心线处引出，见表 6-1 中的图例。表 6-1 列出了螺纹的种类、标注示例、代号的识别及标注要点说明。

对于特殊螺纹，则应在牙型符号前加注"特"字（图 6-1）。对于非标准螺纹，则应画出牙型，并注出所需的尺寸（图 6-2）。

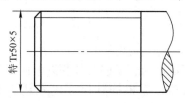

图 6-1　特殊螺纹的画法

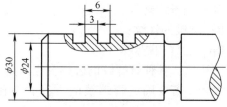

图 6-2　非标准螺纹的画法

3. 螺纹的规定画法

（1）外螺纹的画法

如图 6-3 所示，外螺纹牙顶圆的投影用粗实线表示，牙底圆的投影用细实线表示（通常按牙顶圆的 0.85 倍绘制），螺杆的倒角或倒圆部分也应画出。在垂直于螺纹轴线的投影面的视图中，表示牙底圆的细实线只画约 3/4 圈（空出约 1/4 圈的位置不作规定）。此时，螺杆的倒角投影不应画出。

螺纹终止线用粗实线表示。在剖视图中则按图 6-3 右图中的画法绘制。

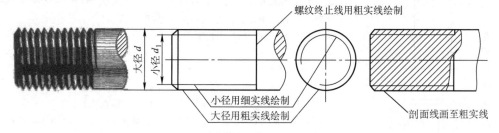

图 6-3　外螺纹的画法

（2）内螺纹的画法

如图 6-4 所示，在剖视图中，内螺纹牙顶圆的投影用粗实线表示，牙底圆的投影用细实线表示，螺纹终止线用粗实线绘制，剖面线应画到表示小径的粗实线为止。在垂直于螺纹轴线的投影面的视图上，表示大径的细实线圆只画约 3/4 圈，表示倒角的投影不应画出。

当内螺纹为不可见时，螺纹的所有图线均用虚线绘制（如图 6-4 中右边图所示）。

（3）螺纹联接的画法

在剖视图中，内外螺纹旋合的部分应按外螺纹的画法绘制，其余部分仍按各自的画法表示，如图 6-5 所示。应注意，表示内、外螺纹大径的细实线和粗实线，以及表示内、外螺纹小径的粗实线和细实线必须分别对齐。

4. 螺纹的测绘

测绘螺纹时，可采用如下步骤：

1）确定螺纹的线数和旋向。

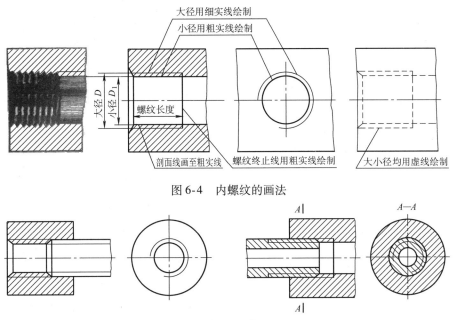

图 6-4　内螺纹的画法

图 6-5　螺纹联接的画法

2）测量螺距。可用拓印法，即将螺纹放在纸上压出痕迹，量出几个螺距的长度 L，如图 6-6 所示。然后，按 $P = L/n$ 计算出螺距。若有螺纹规，可直接确定牙型及螺距，如图 6-7 所示。

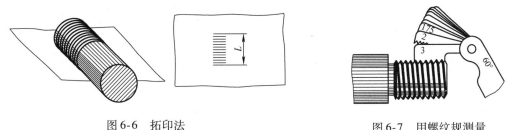

图 6-6　拓印法　　　　　　　　　　　　　图 6-7　用螺纹规测量

3）用游标卡尺测大径。内螺纹的大径无法直接测出，可先测出小径，再据此由螺纹标准中查出螺纹大径；或测量与之相配合的外螺纹制件，再推算出内螺纹的大径。

4）查标准、定标记。根据牙型、螺距及大径，查有关标准，确定螺纹标记（参见表 6-1 ~ 表 6-4）。

表 6-2　普通螺纹　基本尺寸（摘自 GB/T 196 ~ 197—2003）　　　　　　　（mm）

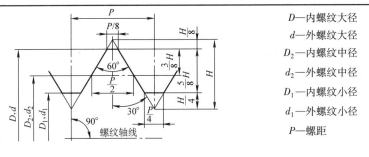

D—内螺纹大径
d—外螺纹大径
D_2—内螺纹中径
d_2—外螺纹中径
D_1—内螺纹小径
d_1—外螺纹小径
P—螺距

标记示例：

M10-6g（粗牙普通外螺纹、公称直径 $d = 10$、右旋、中径及大径公差带均为 6g、中等旋合长度）

M10×1LH-6H（细牙普通内螺纹、公称直径 $D = 10$、螺距 $P = 1$、左旋、中径及小径公差带均为 6H、中等旋合长度）

（续）

公称直径 D、d			螺距 P		粗牙螺纹小径
第一系列	第二系列	第三系列	粗牙	细牙	D_1、d_1
4	—	—	0.7	0.5	3.242
5	—	—	0.8		4.134
6	—	—	1	0.75、(0.5)	4.917
—	—	7			5.917
8	—	—	1.25	1、0.75、(0.5)	6.647
10	—	—	1.5	1.25、1、0.75、(0.5)	8.376
12	—	—	1.75	1.5、1.25、1、(0.75)、(0.5)	10.106
—	14	—	2		11.835
—	—	15		1.5、(1)	*13.376
16	—	—	2	1.5、1、(0.75)、(0.5)	13.835
—	18	—	2.5	2、1.5、1、(0.75)、(0.5)	15.294
20	—	—			17.294
—	22	—			19.294
24	—	—	3	2、1.5、1、(0.75)	20.752
—	—	25	—	2、1.5、(1)	*22.835
—	27	—	3	2、1.5、1、(0.75)	23.752
30	—	—	3.5	(3)、2、1.5、1、(0.75)	26.211
—	33	—		(3)、2、1.5、(1)、(0.75)	29.211
—	—	35	—	1.5	*33.376
36	—	—	4	3、2、1.5、(1)	31.670
—	39	—			34.670

注：1. 优先选用第一系列，其次是第二系列，第三系列尽可能不用。
　　2. 括号内尺寸尽可能不用。
　　3. M14×1.25仅用于火花塞；M35×1.5仅用于滚动轴承锁紧螺母。
　　4. 带＊号的为细牙参数，是对应于第一种细牙螺距的小径尺寸。

表6-3　梯形螺纹（摘自 GB/T 5796.1～5796.4—2005）　　　　　　　　（mm）

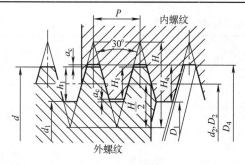

d—外螺纹大径（公称直径）
d_3—外螺纹小径
D_4—内螺纹大径
D_1—内螺纹小径
d_2—外螺纹中径
D_2—内螺纹中径
P—螺距
a_c—牙顶间隙

标记示例：
Tr40×7-7H（单线梯形内螺纹、公称直径 d=40、螺距 P=7、右旋、中径公差带为7H、中等旋合长度）
Tr60×18（P9）LH-8e-L（双线梯形外螺纹、公称直径 d=60、导程 S=18、螺距 P=9、左旋、中径公差带为8e、长旋合长度）

（续）

梯形螺纹的基本尺寸													
d 公称系列		螺距	中径	大径	小径		d 公称系列		螺距	中径	大径	小径	
第一系列	第二系列	P	$d_2 = D_2$	D_4	d_3	D_1	第一系列	第二系列	P	$d_2 = D_2$	D_4	d_3	D_1
8	—	1.5	7.25	8.3	6.2	6.5	32	—		29.0	33	25	26
—	9		8.0	9.5	6.5	7	—	34	6	31.0	35	27	28
10	—	2	9.0	10.5	7.5	8	36	—		33.0	37	29	30
—	11		10.0	11.5	8.5	9	—	38		34.5	39	30	31
12	—	3	10.5	12.5	8.5	9	40	—	7	36.5	41	32	33
—	14		12.5	14.5	10.5	11	—	42		38.5	43	34	35
16	—	4	14.0	16.5	11.5	12	44	—		40.5	45	36	37
—	18		16.0	18.5	13.5	14	—	46		42.0	47	37	38
20	—		18.0	20.5	15.5	16	48	—	8	44.0	49	39	40
—	22		19.5	22.5	16.5	17	—	50		46.0	51	41	42
24	—	5	21.5	24.5	18.5	19	52	—		48.0	53	43	44
—	26		23.5	26.5	20.5	21	—	55	9	50.5	56	45	46
28	—		25.5	28.5	22.5	23	60	—		55.5	61	50	51
—	30	6	27.0	31.0	23.0	24	—	65	10	60.0	66	54	55

注：1. 优先选用第一系列的直径。

　　2. 表中所列的螺距和直径，是优先选择的螺距及与之对应的直径。

表 6-4　管螺纹

用螺纹密封的管螺纹	非螺纹密封的管螺纹
（摘自 GB/T 7306—2000）	（摘自 GB/T 7307—2001）

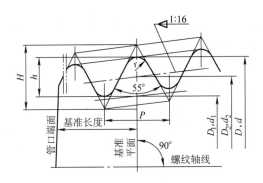 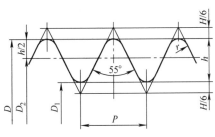

标记示例：

R1½（尺寸代号 1½，右旋圆锥外螺纹）

Rc1¼-LH（尺寸代号 1¼，左旋圆锥内螺纹）

Rp2（尺寸代号 2，右旋圆柱内螺纹）

标记示例：

G1½-LH（尺寸代号 1½，左旋内螺纹）

G1¼A（尺寸代号 1¼，A 级右旋外螺纹）

G2B-LH（尺寸代号 2，B 级左旋外螺纹）

（续）

尺寸代号	基面上的直径（GB/T 7306）基本直径（GB/T 7307）			螺距 P /mm	牙高 h /mm	圆弧半径 r /mm	每25.4mm 内的牙数 n	有效螺纹长度/mm（GB/T 7306）	基准的基本长度/mm（GB/T 7306）
	大径 $d=D$ /mm	中径 $d_2=D_2$ /mm	小径 $d_1=D_1$ /mm						
1/16	7.723	7.142	6.561	0.907	0.581	0.125	28	6.5	4.0
1/8	9.728	9.147	8.566						
1/4	13.157	12.301	11.445	1.337	0.856	0.184	19	9.7	6.0
3/8	16.662	15.806	14.950					10.1	6.4
1/2	20.955	19.793	18.631	1.814	1.162	0.249	14	13.2	8.2
3/4	26.441	25.279	24.117					14.5	9.5
1	33.249	31.770	30.291	2.309	1.479	0.317	11	16.8	10.4
1¼	41.910	40.431	28.952					19.1	12.7
1½	47.803	46.324	44.845						
2	59.614	58.135	56.656					23.4	15.9
2½	75.184	73.705	72.226					26.7	17.5
3	87.884	86.405	84.926					29.8	20.6
4	113.030	111.551	110.072					35.8	25.4
5	138.430	136.951	135.472					40.1	28.6
6	163.830	162.351	160.872						

任务2　测绘直齿圆柱齿轮

1. 齿轮的功用与结构

齿轮是组成机器的重要传动零件，其主要功用是通过平键或花键和轴类零件联接起来形成一体，再和另一个或多个齿轮相啮合，将动力和运动从一根轴上传递到另一根轴上。

齿轮是回转零件，其结构特点是直径一般大于长度，通常由外圆柱面（圆锥面）、内孔、键槽、轮齿、齿槽及阶梯端面等组成，根据结构形式的不同，齿轮上常常还有轮缘、轮毂、腹板、孔板、轮辐等结构。按结构不同，齿轮可分为实心式、腹板式、孔板式、轮辐式等多种形式，如果齿轮和轴做在一起，则形成齿轮轴。按轮齿齿形和分布形式不同，齿轮又有多种形式，常用的标准齿轮可分为直齿圆柱齿轮、斜齿圆柱齿轮、圆锥齿轮等。

2. 直齿圆柱齿轮的规定画法

（1）单个圆柱齿轮的规定画法

在表示齿轮端面的视图中，齿顶圆用粗实线，齿根圆用细实线或省略不画，分度圆用点画线画出，如图6-8a所示。

另一视图一般画成全剖视图，而轮齿按不剖处理。用粗实线表示齿顶线和齿根线，用点画线表示分度线，如图6-8b所示。

若不画成剖视图，则齿根线可省略不画，如图6-8c所示。

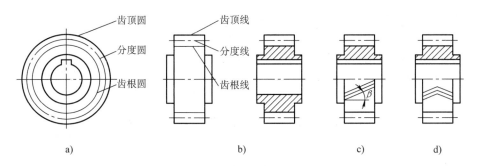

图 6-8   单个齿轮的规定画法

轮齿为斜齿、人字齿时，按图 6-8c、d 的形式画出。

（2）圆柱齿轮啮合的规定画法

在表示齿轮端面的视图中，啮合区内的齿顶圆均用粗实线绘制，如图 6-9a 所示。

齿顶圆也可省略不画，但相切的两分度圆须用点画线画出，两齿根圆省略不画，如图 6-9b 所示。

若不作剖视，则啮合区内的齿顶线不必画出，此时分度线用粗实线绘制，如图 6-9c 所示。图 6-9d 为齿条啮合图的画法。

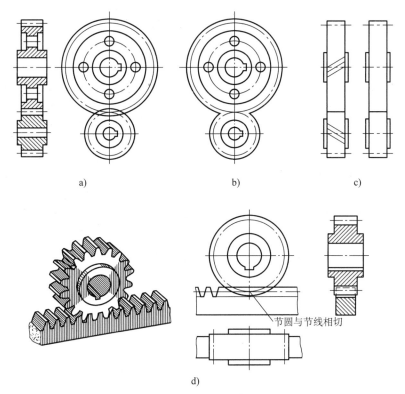

图 6-9   齿轮啮合的规定画法

在剖视图中，啮合区的投影如图 6-9 所示，齿顶与齿根之间应有 $0.25m$ 的间隙，被遮挡的齿顶线（虚线）也可省略不画。

3. 直齿圆柱齿轮几何参数的测量

齿轮几何参数的测量是齿轮测绘的关键工作之一，特别是对于能够准确测量的几何参数，应力求准确，以便为准确确定其他参数提供条件。

（1）齿数 z 和齿宽 b

被测齿轮的齿数 z 可直接数出，齿宽可用游标卡尺测出。

（2）中心距 a

中心距 a 的测量是比较关键的，因为中心距 a 的测量精度将直接影响齿轮副测绘结果，所以测量时要力求准确。测量中心距时，可直接测量两齿轮轴或对应的两箱体孔间的距离，再测出轴或孔的直径，通过换算得到中心距。如图 6-10 所示，用游标卡尺测量 A_1 和 A_2 以及孔径 d_1、d_2，然后按下式计算：

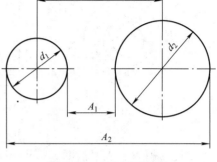

图 6-10　中心距的测量

$$a = A_1 + \frac{d_1 + d_2}{2}$$

或

$$a = A_2 - \frac{d_1 + d_2}{2}$$

以上的尺寸均需反复测量，还要测出轴和箱体孔的圆度、圆柱度及轴线间的平行度，它们对换算中心距都有影响。测轴径或孔径应分别采用外径千分尺和内径千分尺，测轴或孔的距离可采用游标卡尺。

（3）公法线长度 W 和基圆齿距 P_b

通过测量公法线长度基本上可确定模数和压力角。在测量公法线长度时，需注意选择适当的跨齿数，一般要在相邻齿上多测几组数据，以便比较选择。

对于直齿和斜齿圆柱齿轮，可用公法线千分尺或游标卡尺测出相邻齿公法线长度 W_k（k 为跨测齿数），如图 6-11 所示。依据渐开线性质，理论上在任何位置测得的公法线长度均相等，但实际测量时，以分度圆附近测得的尺寸精度较高。因此，测量时应尽可能使卡尺切于分度圆附近，避免卡尺接触齿尖或齿根圆角。测量时，如切点偏高，可减少跨测齿数 k；如切点偏低，可增加跨测齿数 k。跨测齿数 k 值可用公式计算或直接查表6-5。计算公式为

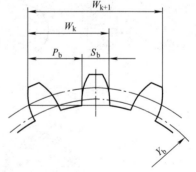

图 6-11　公法线长度 W_k 的测量

$$k = z \frac{\alpha}{180°} + 0.5$$

表 6-5　测量公法线长度时的跨测齿数 k

齿形角 α	跨测齿数 k							
	2	3	4	5	6	7	8	9
	被测齿轮齿数 z							
11.5°	9～23	24～35	36～47	48～59	60～70	71～82	83～95	96～100
15°	9～23	24～35	36～47	48～59	60～71	72～83	84～95	96～107
20°	9～18	19～27	28～36	37～45	46～54	55～63	64～72	73～81
22.5°	9～16	17～24	25～32	33～40	41～48	49～56	57～64	65～72
25°	9～14	15～21	22～29	30～36	37～43	44～51	52～58	59～65

从图 6-11 中可以看出，公法线长度每增加一个跨齿，就增加一个基圆齿距 P_b，所以，基圆齿距 P_b 为

$$P_b = W_{k+1} - W_k = W_k - S_b$$

S_B 可用齿厚游标卡尺测出。考虑到公法线长度的变动误差，每次测量时，必须在同一位置，即取同一起始位置，同一方向进行测量。

（4）齿顶圆直径与齿根圆直径

用游标卡尺或螺旋千分尺测量齿顶圆直径 d_a 和 d_f，在不同的径向方位上测几组数据，取其平均值。当被测齿轮的齿数为奇数时，不能直接测量齿顶圆直径，可先测图 6-12 中所示的 D 值，通过计算求得齿顶圆直径 d_a。

$$d_a = \frac{D}{\cos^2 \theta}$$

式中，$\theta = \arctan \dfrac{b}{2D}$。

也可通过测量内孔直径 d 和内孔壁到齿顶的距离 H_1 来确定 d_a，通过测量内孔直径 d 与由内孔壁到齿根的距离 H_1 确定 d_f，如图 6-13 所示。

$$d_a = d + 2H_1$$
$$d_f = d + 2H_2$$

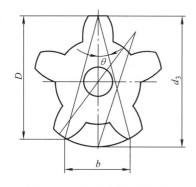

图 6-12　齿顶圆直径的测量

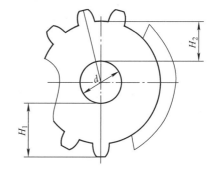

图 6-13　用游标卡尺测量 d_a 和 d_f

（5）全齿高

可用深度尺直接测出全齿高，也可以通过测量齿顶和齿根到齿轮内孔（或轴径）的距离，换算得到，如图 6-13 所示。

$$h = H_1 - H_2$$

（6）齿侧间隙及齿顶间隙

为了保证齿轮副能进行正常啮合运行，齿轮副需要有一定的侧隙及顶隙。

齿侧间隙的测量，应在传动状态下利用塞尺或压铅法进行。测量时，一个齿轮固定不动，另一个齿轮的侧面与其相邻的齿面相接触，此时的最小间隙即为齿侧间隙。测量时应注意在两个齿轮的节圆附近测量，这样测出的数值较准确。顶隙的测量，同样是在齿轮啮合状态下，用塞尺或压铅法测出。

（7）材料、齿面硬度及热处理方式

齿轮材料的测定，可在齿轮不重要部位钻孔取样，进行材料化学成分分析，确定齿轮材质，或根据使用情况类比确定。通过硬度计可测出齿面的硬度，根据齿面硬度及肉眼观察齿

部表面，确定其热处理方式。

（8）其他测量

1）精度　对于重要的齿轮，在条件许可的情况下，可用齿轮测量仪器测量轮齿的精度，但应考虑齿面磨损情况，酌情确定齿轮的精度等级。

2）齿面粗糙度　可用粗糙度样板对比或粗糙度测量仪测出齿面粗糙度。

标准齿轮的变位系数 $x=0$。测绘齿轮时，除轮齿外，其余部分与一般零件的测绘法相同。

任务3　测绘矩形花键轴

1. 矩形花键的特点及应用

矩形花键齿形为矩形。按 GB/T 1144—2001 规定，用小径定心，键数有 6、8、10 三种，分轻、中两个系列，见表6-6。

轻系列矩形花键多用于轻载联接和静联接，中系列矩形花键多用于中载联接。

表6-6　矩形花键基本尺寸系列（GB/T 1144—2001）

	标记示例	
花键规格	$N \times d \times D \times B$	例如 $6 \times 23 \times 26 \times 6$
花键副	$6 \times 23 \dfrac{H7}{f7} \times 26 \dfrac{H10}{a11} \times 6 \dfrac{H11}{d10}$	GB/T 1144—2001
内花键	$6 \times 23H7 \times 26H10 \times 6H11$	GB/T 1144—2001
外花键	$6 \times 23f7 \times 26a11 \times 6d10$	GB/T 1144—2001

（单位：mm）

小径 d	轻系列 规格 $N \times d \times D \times B$	c	r	参考 d_{1min}	参考 a_{min}	中系列 规格 $N \times d \times D \times B$	c	r	参考 d_{1min}	参考 a_{min}
11						$6 \times 11 \times 14 \times 3$	0.2	0.1		
13						$6 \times 13 \times 16 \times 3.5$				
16						$6 \times 16 \times 20 \times 4$	0.3	0.2	14.4	1.0
18						$6 \times 18 \times 22 \times 5$			16.6	1.0
21						$6 \times 21 \times 25 \times 5$			19.5	2.0
23	$6 \times 23 \times 26 \times 6$	0.2	0.1	22	3.5	$6 \times 23 \times 28 \times 6$	0.4	0.3	21.2	1.2
26	$6 \times 26 \times 30 \times 6$			24.5	3.8	$6 \times 26 \times 32 \times 6$			23.6	1.2
28	$6 \times 28 \times 32 \times 7$			26.6	4.0	$6 \times 28 \times 34 \times 7$			25.8	1.4
32	$6 \times 32 \times 36 \times 6$	0.3	0.2	30.3	2.7	$8 \times 32 \times 38 \times 6$			29.4	1.0
36	$8 \times 36 \times 40 \times 7$			34.4	3.5	$8 \times 36 \times 42 \times 7$			33.4	1.0
42	$8 \times 42 \times 46 \times 8$			40.5	5.0	$8 \times 42 \times 48 \times 8$			39.4	2.5
46	$8 \times 46 \times 50 \times 9$			44.6	5.7	$8 \times 46 \times 54 \times 9$			42.6	1.4
52	$8 \times 52 \times 58 \times 10$			49.6	4.8	$8 \times 52 \times 60 \times 10$	0.5	0.4	48.6	2.5
56	$8 \times 56 \times 62 \times 10$			53.5	6.5	$8 \times 56 \times 65 \times 10$			52.0	2.5
62	$8 \times 62 \times 68 \times 12$			59.7	7.3	$8 \times 62 \times 72 \times 12$			57.7	2.4
72	$10 \times 72 \times 78 \times 12$	0.4	0.3	69.6	5.4	$10 \times 72 \times 82 \times 12$			67.7	1.0
82	$10 \times 82 \times 88 \times 12$			79.3	8.5	$10 \times 82 \times 92 \times 12$			77.0	2.9
92	$10 \times 92 \times 98 \times 11$			89.6	9.9	$10 \times 92 \times 102 \times 14$	0.6	0.5	87.3	4.5
102	$10 \times 102 \times 108 \times 16$			99.6	11.3	$10 \times 102 \times 112 \times 16$			97.7	6.2
112	$10 \times 112 \times 120 \times 18$	0.5	0.4	108.8	10.5	$10 \times 112 \times 125 \times 18$			106.2	4.1

注：1. N—齿数；D—大径；B—键宽或键槽宽。

2. d_1 和 a 值仅适用于展成法加工。

2. 矩形花键的测绘

（1）矩形花键的画法及尺寸标注

1）在平行于花键轴线的投影面的视图中，外花键的大径用粗实线绘制，小径用细实线绘制，并在断面图中画出一部分或全部齿形，如图 6-14a 所示。

2）在平行于花键轴线的投影面的剖视图中，内花键的大径及小径均用粗实线绘制，并在局部视图中画出一部分或全部齿形，如图 6-14b 所示。

3）外花键工作长度的终止端和尾部长度的末端均用细实线绘制，并与轴线垂直，尾部则画成斜线，其斜角一般与轴线成 30°，如图 6-14a 所示，必要时可按实际情况绘制。

4）外花键局部剖视图的画法按图 6-14c 所示绘制；垂直于花键轴线的投影面的视图按图 6-14d 所示绘制。

5）花键的大径、小径及键宽尺寸的一般标注方法如图 6-14a、b 所示；采用标准规定的花键标记标注，如图 6-14d 所示。

6）花键长度应采用图 6-14 所示的几种形式中的任一种。

（2）矩形花键的测绘步骤

1）数出键数。

2）测量花键的大径 D、小径 d 及键（槽）宽 B 的实际尺寸。用精密游标卡尺或千分尺进行测量，力求准确。矩形花键有轻、中两个尺寸系列。在机修测绘中，花键的键齿和直径都有磨损，因而应对实测尺寸进行圆整，使之尽量符合国家标准。若选不到合适的标准，可按实际尺寸绘制。矩形花键的基本尺寸系列见表 6-6。

3）确定花键的定心方式。GB/T 1144—2001 标准规定，矩形花键应用小径定心，但早期制造的花键有可能为非小径定心，所以在测得内、外花键的大径、小径、键（槽）宽的实际尺寸后，应根据实际间隙的大小和联接的具体条件，分析确定花键的定心方式。

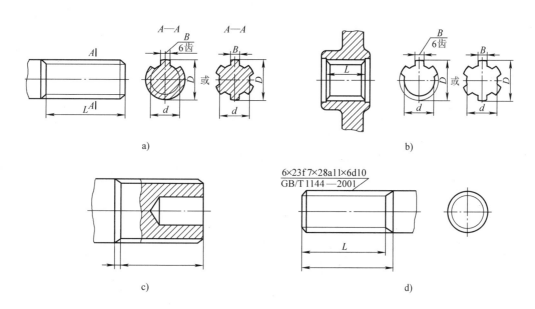

图 6-14　矩形花键的画法及尺寸标注

4）确定花键联接的公差与配合。矩形花键的公差与配合性质取决于定心方式。按 GB/T 1144—2001 标准规定的小径定心方式，应对定心直径 d 选用较高公差等级；非定心直径 D 选用较低的公差等级，而且非定心直径表面之间应留有较大间隙，以保证不影响互换性；键（槽）宽 B 的尺寸应选用较高精度，因为键和键槽侧面要传递转矩并起导向作用。

矩形花键联接均采用基孔制，其配合性质通过改变外花键的公差带位置来实现。内、外矩形花键的尺寸公差带规定见表6-7。测绘时，应根据实测数据、间隙值及联接实际情况，选用适当的公差带及配合类型。

5）确定花键的几何公差。为了保证花键联接的互换性、可装配性和键侧接触的均匀性，对矩形花键提出位置度、对称度等技术要求，其标注方法及公差值见表6-8。

6）确定花键的表面粗糙度。测绘者可根据实物测量及表6-7 推荐值确定花键的表面粗糙度值。

表6-7　矩形花键尺寸公差和表面粗糙度 Ra（GB/T 1144—2001）　　（单位：μm）

内 花 键								外 花 键						装配型式
d		D		B				d		D		B		
公差带	Ra	公差带	Ra	公 差 带			Ra	公差带	Ra	公差带	Ra	公差带	Ra	
				拉削后不热处理	拉削后热处理									
一般用														
H7	0.8 ~ 1.6	H10	3.2	H9		H11	3.2	f7	0.8 ~ 1.6	a11	3.2	d10	1.6	滑动
								g7				f9		紧滑动
								h7				h10		固定
精密传动用														
H5	0.4	H10	3.2	H7，H9			3.2	f5	0.4	a11	3.2	d8	0.8	滑动
								g5				f7		紧滑动
								h5				h8		固定
H6	0.8							f6	0.8			d8		滑动
								g6				f7		紧滑动
								h6				h8		固定

注：1. 精密传动用的内花键，当需要控制键侧配合间隙时，槽宽可选用 H7，一般情况下可选用 H9。

　　2. d 为 H6 和 H7 的内花键允许与高一级的外花键配合。

表6-8　矩形花键的位置度、对称度公差（GB/T 1144—2001）

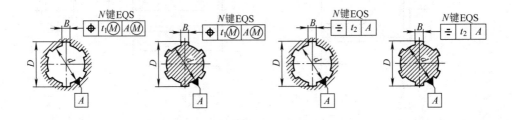

（续）

（单位：mm）

键槽宽或键宽 B		3	3.5 ~ 6	7 ~ 10	12 ~ 18
		t_1			
键	键槽	0.010	0.015	0.020	0.025
	滑动、固定	0.010	0.015	0.020	0.025
	紧滑动	0.006	0.010	0.013	0.016
		t_2			
	一般用	0.010	0.012	0.015	0.018
	精密传动用	0.006	0.008	0.009	0.011

注：花键的等分度公差值等于键宽的对称度公差。

7）确定材料及热处理方法。

国家标准对矩形内花键还规定有结构形式及长度系列，见表6-9，可供测绘时选用。

表6-9   矩形内花键及长度系列（GB/T 10081—2005）

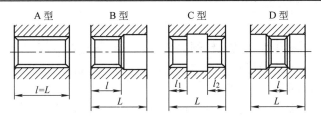

（单位：mm）

花键小径 d	11	13	16 ~ 21	23 ~ 32	36 ~ 52	56 ~ 62	72 ~ 92	102 ~ 112
花键长度 l 或 $l_1 + l_2$ 系列	10 ~ 50		10 ~ 80		22 ~ 120		32 ~ 200	
孔的最大长度 L	50	80		120	200		250	300
花键长度 l 或 $l_1 + l_2$ 系列	10，12，15，18，22，25，28，30，32，36，38，42，45，48，50，56，60，63，71，75，80，85，90，95，100，110，120，130，140，160，180，200							

学习情境 7 测绘一般部件

学习目标：

装配图的内容及表达方法   装配图的尺寸标注、技术要求

1）了解一般部件的拆卸步骤及方法。
2）掌握一般部件的表达方案。
3）掌握箱体类零件的读图方法。
4）掌握一般部件的测绘方法及步骤。

任务1 一般部件的拆卸

零部件的拆卸是测量和绘制其工作图的前提，只有通过对零部件的拆卸，才能彻底弄清被测零部件的工作原理和结构形状，为零部件的绘图打下基础。

1. 零部件的拆卸要求

拆卸零部件是为了准确方便地进行零件上有关尺寸的测量及几何公差、表面粗糙度和表面硬度的测定，以确定相应的技术要求。拆卸时的基本要求如下。

1）遵循"恢复原机"的原则。在开始拆卸时就应该考虑到再装配时要与原机相同，即保证原机的完整性、准确度和密封性等。

2）对于机器上的不可拆卸连接，过盈配合的衬套、销钉，壳体上的螺柱、螺套和丝套，以及一些经过调整、拆开后不易调整复位的零件（如刻度盘、游标尺等），一般不进行拆卸。

3）复杂设备中零件的种类和数量很多，有的零件还要等待进一步测量和化验。为了保证复原装配，必须保证全部零部件和不可拆组件完整无损、没有锈蚀。

4）遇到不可拆组件或复杂零件的内部结构无法测量时，尽量不拆卸、晚拆卸、少拆卸，采用X光透视或其他办法解决。

2. 部件的拆卸步骤

一台机器是由许多零部件装配起来的，拆卸机器是按照与装配相反的次序进行的。因此在拆卸之前，必须仔细分析测绘对象的连接特点、装配关系，从而准备必需的拆卸工具，决定拆卸步骤。

（1）做好拆卸前的准备工作

1）选择场地并进行清理。

2）详细研究机器构造特征，阅读被测绘机器的说明书、有关参考资料，了解机器的结构、性能和工作原理。无上述条件时，可查阅类似机器的有关技术文件，进行参考。

3）预先拆下或保护好电气设备，放掉机器中的油，以免受潮。

（2）了解机器的连接方式

机器的连接方式，一般可分为下列四种形式。

1）永久性连接 这类连接有焊接、铆接、过盈量较大的配合。此类连接属于不可拆卸连接。

2）半永久性连接　属于半永久性连接有过盈量较小的配合、具有过盈的过渡配合。该类连接属于不经常拆卸的连接，只有在中修或大修时才允许拆卸。

3）活动连接　活动连接是指相配合的零件之间有间隙，其中包括间隙配合和具有间隙的过渡配合。如滑动轴承的孔与其相配合的轴颈、液压缸与活塞的配合等。

4）可拆卸连接　零件之间虽然无相对运动，但是可以拆卸。如螺纹联接、键与销的联接等。

（3）确定拆卸的大体步骤

在比较深入了解机器结构特征、连接方式的基础上，确定拆卸的步骤是比较容易的，通常是从最后装配的那个零件开始。

1）先将机器中的大部件解体，然后将各大部件拆卸成部（组）件。

2）将各部（组）件再拆卸成测绘所需要的小（组）件或零件。

3. 拆卸时要做好的几点工作

1）选择合理的拆卸步骤。机械设备的拆卸顺序，一般是由附件到主机、由外部到内部、由上到下进行拆卸，不能盲目乱拆乱卸。

2）对零件编号和作标记。拆卸时应对每个零件命名并作标记，按拆卸顺序分组摆好并进行编号，如图 7-1 所示。编号时可采用双面胶纸，将双面胶纸的一面贴于零件上，另一面贴上白纸，在白纸上写出组号和零件号。也可用数码相机将拆卸的过程拍摄下来备用。

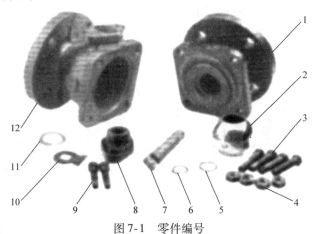

图 7-1　零件编号

3）正确放置零部件。拆下的部件和零件（如轴、齿轮、螺钉、螺母、键、垫片、定位销等）必须有次序、有规则地按原来的装配顺序放置在木架、木箱或零件盘内，对精密的零件（如丝杆、长轴类零件）应小心安放并包扎好，以防弯曲变形和碰伤。切不可将零件杂乱地堆放，使相似的零件混在一起，甚至遗失。避免重新装配时装错或装反，造成不必要的返工甚至无法装配。

4）做好记录。拆卸记录必须详细具体，对每一拆卸步骤应逐条记录并整理出装配注意事项，尤其要注意装配的相对位置，必要时在记录本上绘制装配连接位置草图帮助记忆，力求记清每个零件的拆卸顺序和位置，以备重新组装，如图 7-2 所示（图中数字为拆卸顺序）。对复杂组件，最好在拆卸前作照相记录。对在装配中有一定的啮合位置、调整位置的零部件，应

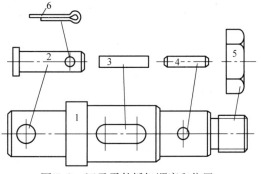

图 7-2　记录零件拆卸顺序和位置

先测量、鉴定，作出记号，并详细记录。

5）其他现场鉴定。机器设备所用的工作液、气体、润滑油、胶、焊料等辅助材料，应作出鉴定，并详细记录。

6）绘制或完善各种示意图。绘制装配示意图、液压示意图和电气示意图等。

7）当机器结构形状比较复杂时，要用照相机拍下整机外形，包括附件、管道、电缆等的安装连接情况，各零部件的形状结构等，还可以使用摄像机将整个拆卸过程记录下来。

4. 常用的拆卸工具及其使用方法

拆卸零部件时常用的拆卸工具主要有扳手类、螺钉旋具类、手钳类、拉拔器、铜冲、铜棒、锤子等。下面简要介绍常用的一些拆卸工具。

（1）活扳手

活扳手（GB/T 4440—2008）的外形如图 7-3 所示。

用途：调节开口度后，可用来紧固或拆卸一定尺寸范围内的六角头或方头螺栓、螺母。

规格：以总长度（mm）×最大开口度（mm）表示，如 100×13，150×18，200×24，250×30，300×36，375×46，450×55，600×65 等。

标记：活扳手的标记由产品名称、规格和标准编号组成。例如：150mm 的活扳手可标记为活扳手 150mm GB/T 4440。

活扳手在使用时要转动螺杆来调整活舌，用开口卡住螺母、螺栓等，其大小以刚好卡住为好，因此工作效率较低。

（2）呆扳手和梅花扳手

1）呆扳手（GB/T 4388—2008）。分为单头呆扳手和双头呆扳手两种形式，如图 7-4 所示。

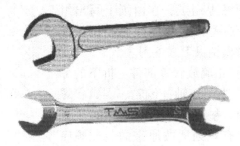

图 7-3　活扳手　　　　　　　　　　　　　　　图 7-4　呆扳手

用途：单头呆扳手专用于紧固或拆卸一种规格的六角头或方头螺栓、螺母。双头呆扳手每把适用于紧固或拆卸两种规格的六角头或方头螺栓、螺母。

规格：单头呆扳手以开口宽度表示，如 8、10、12、14、17、19 等。双头呆扳手以两头开口宽度表示，如 8×10、12×14、17×19 等，每次转动角度大于 60°。

2）梅花扳手（GB/T 4388—2008）。分为双头梅花扳手和单头梅花扳手两种形式，并按颈部形状分为矮颈型、高颈型、直颈型和弯颈型，双头梅花扳手的形式如图 7-5 所示，扳手占用空间较小，是使用较多的一种扳手。

用途：如图 7-6 所示，单头梅花扳手专用于紧固或拆卸一种规格的六角头螺栓、螺母，双头梅花扳手每把适用于紧固或拆卸两种规格的六角头螺栓、螺母。

规格：单头梅花扳手以适用的六角头对边宽度表示，如 8、10、12、14、17、19 等。双头梅花扳手以两头适用的六角头对边宽度表示，如 8×10、10×11、17×19 等，每次转动角度大于 15°。

图 7-5　双头梅花扳手

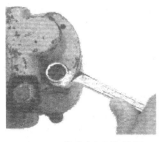

图 7-6　梅花扳手的使用

呆扳手和梅花扳手在使用时因开口宽度为固定值不需要调整，因此与活扳手相比其工作效率较高。

（3）内六角扳手

内六角扳手（GB/T 5356—2008）分为普通级和增强级，其中增强级用 R 表示。内六角扳手外形如图 7-7 所示。

用途：专门用于装拆标准内六角螺钉，如图 7-8 所示。

图 7-7　内六角扳手

图 7-8　内六角扳手的使用

规格：以适用的六角孔对边宽度（mm）表示，如 2.5、4、5、6、8、10 等。

标记：由产品名称、规格、等级和标准号组成。例如，规格为 12mm 增强级内六角扳手应标记为：内六角扳手　12R GB/T 5356—2008。

（4）套筒扳手

套筒扳手（GB 3390—2013）由各种套筒、连接件及传动附件等组成，如图 7-9 所示根据套筒、连接件及传动附件的件数不同组成不同的套盒，如图 7-11 所示。

用途：用于紧固或拆卸六角螺栓、螺母。特别适用于空间狭小、位置深凹的工作场合，如图 7-10 所示。

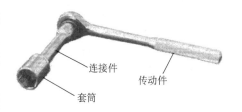

图 7-9　套筒扳手

规格：以适用的六角头对边宽度表示，如 10、11、12 等。每套件数有 9、13、17、24、28、32 等。

套筒扳手在使用时根据要转动的螺栓或螺母大小的不同，安装不同的套筒进行工作。

（5）一字槽螺钉旋具

一字槽螺钉旋具（QB/T 2564.4—2012）按旋杆与旋柄的装配方式，分为普通式（用 P

表示）和穿心式（用C表示）两种，常见类型有木柄螺钉旋具、木柄穿心螺钉旋具、塑料柄螺钉旋具、方形旋杆螺钉旋具、短形柄螺钉旋具等，图7-12所示为一字槽塑料穿心螺钉旋具。

图7-10　套筒扳手的使用

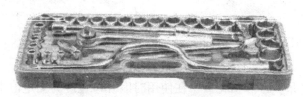

图7-11　套筒扳手套盒

用途：用于紧固或拆卸各种标准的一字槽螺钉。

规格：以旋杆长度×工作端口厚×工作端口宽表示，如50×0.4×2.5，100×0.6×4等。

（6）十字槽螺钉旋具

十字槽螺钉旋具（QB/T 2564.5—2012）按旋杆与旋柄的装配方式，分为普通式（用P表示）和穿心式（用C表示）两种，按旋杆的强度分为A级和B级两个等级。常见类型有木柄螺钉旋具、木柄穿心螺钉旋具、塑料柄螺钉旋具、方形旋杆螺钉旋具、短形柄螺钉旋具等，图7-13所示为十字槽塑料穿心螺钉旋具。

图7-12　一字槽螺钉旋具

图7-13　十字槽螺钉旋具

用途：用于紧固或拆卸各种标准的十字槽螺钉。

规格：以旋杆槽号表示，如0、2、3、4等。

螺钉旋具除了上述常用的几种之外，还有夹柄螺钉旋具（JN于旋拧一字槽螺钉，必要时允许敲击尾部）、多用螺钉旋具（用于旋拧一字槽、十字槽螺钉及木螺钉，可在软质木料上钻孔，并兼作测电笔用）及双弯头螺钉旋具（用于装拆一字槽、十字槽螺钉，适于螺钉工作空间有障碍的场合）等。

（7）内六角花形螺钉旋具

内六角花形螺钉旋具（GB/T 5358—1998）专用于旋拧内六角螺钉，其外形如图7-14所示。

内六角花形螺钉旋具的标记由产品名称、代号、旋杆长度、有无磁性和标准号组成。例如：内六角花形螺钉旋具T10×75H GB/T 5358—1998（注：带磁性的用H字母）。

（8）尖嘴钳

尖嘴钳（QB/T 2440.1—2007）的外形如图7-15所示，分柄部带塑料套与不带塑料套两种。

用途：适合于在狭小工作空间夹持小零件和切断或扭曲细金属丝，带刃尖嘴钳还可以切断金属丝。主要用于仪表、电信器材、电器等的安装及其他维修工作。

图7-14　内六角花形
螺钉旋具

规格：以钳全长（mm）表示，有 125、140、160、180、200 等。

产品的标记由产品名称、规格和标准号组成。例如，125mm 的尖嘴钳标记为：尖嘴钳 125mm QB/T 2440.1—2007。

（9）扁嘴钳

扁嘴钳（QB/T 2440.2—2007）按钳嘴形式分长嘴和短嘴两种，柄部分带塑料套与不带塑料套两种，如图 7-16 所示。

图 7-15　尖嘴钳　　　　　　　　　　图 7-16　扁嘴钳

用途：用于弯曲金属薄片和细金属丝、拔装销子、弹簧等小零件。

规格：以钳全长（mm）表示，有 125、140、160、180 等。

产品的标记由产品名称、规格和标准号组成。例如，140mm 的扁嘴钳标记为：扁嘴钳 140mm　QB/T 2440.2—2007。

（10）钢丝钳

钢丝钳（QB/T 2442.1—2007）又称夹扭剪切两用钳，外形如图 7-17 所示，分柄部带塑料套与不带塑料套两种。

用途：用于夹持或弯折金属薄片、细圆柱形件，切断细金属丝，带绝缘柄的供有电的场合使用（工作电压 500V）。

规格：钳全长（mm），有 160、180、200。

产品的标记由产品名称、规格和标准号组成。例如，160mm 的钢丝钳标记为：钢丝钳 160mm QB/T 2442.1—2007。

（11）弯嘴钳

分柄部带塑料套与不带塑料套两种，如图 7-18 所示。

图 7-17　钢丝钳　　　　　　　　　　图 7-18　弯嘴钳

用途：用于在狭窄或凹陷下的工作空间中夹持零件。

规格：全长（mm），125、140、160、180、200。

（12）三爪拉拔器

三爪拉拔器（JB/T 3411.51—1999）的外形如图 7-19 所示。

用途：用于轴系零件的拆卸，如轮、盘或轴承等类零件，如图 7-20 所示。

规格：三爪拉拔器直径 D（mm），160、300。

图 7-19　三爪拉拔器　　　　图 7-20　三爪拉拔器的使用

（13）两爪拉拔器

两爪拉拔器（JB/T 3411.50—1999）的外形如图 7-21 所示。

用途：在拆卸、装配、维修工作中，用以拆卸轴上的轴承、轮盘等零件，如图 7-22 所示。还可以用来拆卸非圆形零件。

规格：爪臂长（mm），160、250、380。

（14）其他拆卸工具

除了上述介绍的拆卸工具之外，常用的还有铜冲、铜棒，如图 7-22 所示。木锤、橡胶锤、铁锤等，如图 7-23 所示。

图 7-21　两爪拉拔器

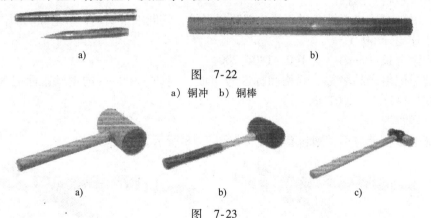

a)　　　　　　　　　　　　　　b)

图　7-22

a）铜冲　b）铜棒

a)　　　　　　　　　b)　　　　　　　　　c)

图　7-23

a）木锤　b）橡胶棒　c）铁锤

5. 常见零部件的拆卸方法

（1）双头螺柱的拆卸

通常用并紧的双螺母来拆卸，这种方法操作简单，应用较广。方法是选两个和双头螺柱相同规格的螺母，把两个螺母拧在双头螺柱螺纹的中部，并将两个螺母相对拧紧，此时两螺母锁死在螺柱的螺纹中，用扳手旋转下方的螺母即可将双头螺柱拧出，如图 7-24 所示，安装双头螺柱的过程则相反。

（2）锈蚀螺母、螺钉等的拆卸

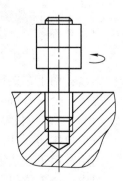

图 7-24　双头螺柱拆卸

零部件长期没有拆卸，螺母锈结在螺杆上或螺钉等锈结在机件上，拆卸时根据锈结深度采用相应的方法，绝不能硬拧。这时，可先用锤子敲击螺母或螺钉，使其受振动而松动，然后，用扳手拧紧和拧退，反复地松紧，这样以振动加扭力的方式，将其卸掉。若锈结时间较长，可用煤油浸泡 20~30min 或更长时间后，辅以适当的敲击振动，使锈层松散，就比较容易拧转和拆卸。锈结严重的部位，可用火焰对其加热，经过热膨胀和冷收缩的作用，使其松动。

锈结的螺母不能采用以上办法拆卸时，就采用破坏性方法。在螺母的一侧钻孔（不要钻伤螺杆），然后采用锯或錾的方法将如图 7-25 所示 A 处材料切去，锈结的螺母即可容易地拆卸。

（3）折断螺钉的拆卸

拆卸中，有时拆卸或拧紧过度会将螺钉折断，如图 7-26 所示。为了取出扭断的螺钉，可在断螺钉上钻孔，然后攻出相反螺旋方向的螺纹，拧进一个螺钉，将断螺钉取出；或者在断螺钉上焊一个螺母，将其拧出。

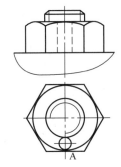

图 7-25　钻孔法拆卸锈结螺母

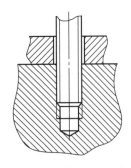

图 7-26　折断螺钉的拆卸

（4）多螺栓紧固件的拆卸

由于多螺栓紧固的大多是盘盖类零件，材料较软，厚度不大，易变形，因此在拆卸这类零件的螺栓时，螺栓或螺母必须按一定顺序进行，以使被紧固件的内应力实现均匀变化，防止严重变形，失去精度。方法是：按对角交叉的顺序每次拧出 1~2 圈，分几次旋出，切不可将每个螺栓一次旋出。

（5）通孔中普通销的拆卸

如果销安装在通孔中，拆卸时在机件下面放上带孔的垫铁，或将机件放在 V 形支承或槽铁之类支承上面，使用锤子和略小于销直径的铜棒敲击销的一端（圆锥销为小端），即可将销拆出，如图 7-27 所示。如果销和零件配合的过盈量较大，手工不易拆出时，可借助压

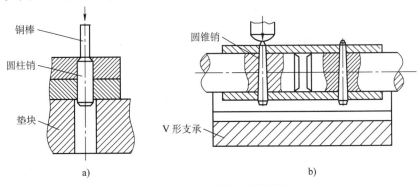

图 7-27　通孔中普通销的拆卸

a）拆圆柱销　b）拆圆锥销

力机。对于定位销，在拆去被定位的零件后，销往往会留在主要零件上，这时可用销钳或尖嘴钳将其拔出。

（6）内螺纹销和盲孔中销的拆卸

内螺纹销如图 7-28 所示，拆卸带内螺纹的销时，可使用特制拔销器将销拔出，如图 7-29所示，当3 部分的螺纹旋入销的内螺纹时，用2 部分冲击1 部分即可将销取出。如无专用工具，可先在销的内螺纹孔中装上六角头螺栓或带有凸缘的螺杆，再用木锤、铜冲冲打而将销子拆下，如图 7-30 所示。

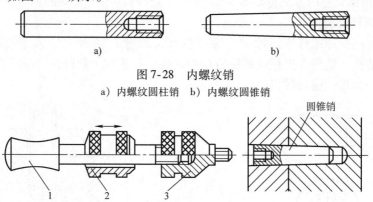

图 7-28　内螺纹销

a）内螺纹圆柱销　b）内螺纹圆锥销

图 7-29　拆卸内螺纹销

对于盲孔中无螺纹的销，可在销头部钻孔攻出内螺纹，采用如图 7-30 所示方法进行拆卸。

（7）螺尾圆锥销与外螺纹圆柱销的拆卸

螺尾圆锥销与外螺纹圆柱销分别如图 7-31a、b 所示。拆卸时，拧上一个与螺尾相同的螺母，如图 7-32 所示，拧紧螺母将销卸出。

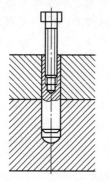

图 7-30　拆内螺纹销或盲孔销

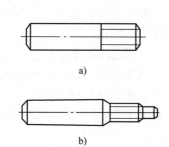

图 7-31　螺尾圆锥销与外螺纹圆柱销

（8）过渡、过盈配合零件的拆卸

过渡、过盈配合零件的拆卸需根据其过盈量的大小而采取不同的方法。当过盈量较小时，可用拉拔器拉出或用木锤、铜冲冲打而将零件拆下；当过盈量较大时，可采用压力机拆卸、加温或冷却拆卸。拆卸过盈配合零件时应注意以下两点：

① 被拆零件受力要均匀，所受力的合力应位于其轴心线上。

② 被拆零件受力部位应恰当，如用拉拔器拉拔时，拉爪应钩在零件的不重要部位。一般不得用锤子直接敲击零件，必要时可用硬木或铜棒作冲头，沿整个工件周边敲打，切不可在一个部位用力猛敲。当零件敲不动时应停止敲击，待查明原因后再采取适当的办法。

加温拆卸时，可选择油淋、油浸和感应加热法。

采用油淋、油浸的方法是：先把相配合的两零件中轴的配合部位用石棉包裹起来，以起到隔热作用，如图 7-33 所示。用 80 ~ 100℃ 的热油浇淋或将有孔零件放在热油中浸泡，使有孔零件受热膨胀，即可将两零件分离。

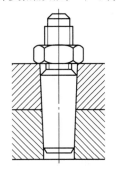

图 7-32　拆螺尾圆锥销

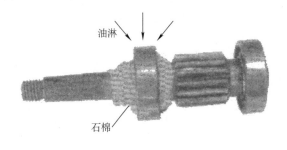

图 7-33　油淋

而感应加热法是一种较先进的加温拆卸方法，它采用加温器对零件进行加热。由于感应加热迅速、均匀、清洁无污染、加热质量高，并保证零件不受损伤，这种拆卸方法正逐步取代烘烤、油淋、油浸等方法。感应加热时，加热温度不要过高，以能稍加力零件就分离为宜，加热电流应加在有孔零件上。取出工件一定要注意，必须在主机断电后方可取出感应线圈内的加热部件，以防烫伤。

加温拆卸时，可用冰局部冷却零件，从而便于拆卸。

6. 拆卸中的注意事项

（1）注意安全

① 首先，有电源的先切断电源，防止触电事故。

② 拆卸较重零部件时，要用起重设备。注意起吊、运行安全。放下时要用木块垫平稳以防倾倒。

③ 拆卸过程中进行敲打、拆卸及运输、搬动等，要慎重行事，避免事故发生。

（2）采用正确的拆卸步骤

① 拆卸前必须熟悉被测零部件的构造及工作原理，遵守合理的拆卸顺序。按照由表及里、由外向内的顺序进行拆卸，即按装配的逆过程进行拆卸，切不可一开始就把机器或部件全部拆开。对不熟悉的机器或部件，拆卸前应仔细观察分析它的内部结构特点，力求看懂记牢，或采用拍照法；对零部件上没有搞清楚的部分可小心地边拆边作记号或查阅有关参考资料后再拆。

② 拆卸方法要正确。在拆卸过程中，除仔细考虑拆卸的顺序外，还要确定合适的拆卸方法。若考虑不周、方法不对，往往容易造成零件损坏或变形，严重时可能造成零件无法修复，使整个零件报废。拆卸困难的部件，应仔细揣摩它的装配方法，然后试拆。切不可硬撬硬扭，以致损坏原来好的机件。

③ 注意相互配合零件的拆卸。装配在一起的零件间一般都有一定配合，尽管配合的松紧依配合性质的不同而不同，但拆卸时常常会用锤子冲击。锤击时，必须对受击部位采取保护措施，一般使用铜棒、胶木棒、木棒或木板等保护受击的零件。

（3）记录拆卸方向，防止零件丢失

零件拆卸后，无论是打出还是压出衬套、轴承、销钉或拆卸螺纹联接件，均需记录拆卸方向。为防止零件丢失，应按拆卸顺序分组摆好并对零件进行编号和作标记或照相。紧固件如螺栓、螺钉、螺母及垫圈等，其数量较多，规格相近，很容易混乱与丢失，最好将它们串在一起或装回原处，也可以把相同的小零件全部拴在一起，或放置在盒内集中保管。要特别注意防止滚珠、键、销等小零件的丢失。

（4）选用恰当的拆卸工具

拆卸时应选用恰当的拆卸工具或设备，所用工具一定要与被拆零件相适应，必要时应采用专用工具，不得使用不合适的工具勉强凑合、乱敲乱打；不能用量具、钳子、扳手等代替锤子使用，以免将工具损坏。

（5）注意保护贵重零件和零件的高精度重要表面

进行拆卸时，应当尽量保护制造困难和价格较贵、精度较高的贵重零件。不能用高精度重要零件表面做放置的支承面，以免损伤。

（6）注意特殊零件的拆卸

对某些特殊的零部件，在拆卸时要特别注意操作。

对含石墨量较大的石墨轴承，要特别注意合理拿取和放置，防止撞击和变形。

拆下的润滑装置或冷却装置，在清洗后要将其管口封好，以免侵入杂物。

有螺纹的零件，特别是一些受热部分的螺纹零件，应多涂渗润滑油，待油渗透后再进行拆卸。

拆下的电缆、绝缘垫等，要防止它们与润滑油等接触，以免沾污。

在干燥状态下拆卸易卡住的配合件，应先涂渗润滑油，等数分钟后，再拆卸；如仍不易拆下，则应再涂油。对过盈配合件亦应涂渗润滑油，过一段时间再进行拆卸。

任务2　一般部件的测绘

部件测绘是根据现有的部件（或机器），先画出零件草图，再画出装配图和零件图等全套图样的过程。

现以图7-34所示的滑动轴承为例，说明部件测绘的方法和步骤。

1. 了解测绘对象

通过观察和拆卸，了解部件的用途、性能、工作原理、结构特点、零件间的装配、连接关系和相对位置等。有产品说明书时，可对照说明书上的图来看，也可以参考同类产品的有关资料。总之，只有充分地了解测绘对象，才能使测绘工作顺利地进行。

滑动轴承是支承轴的一个部件。它的主体部分

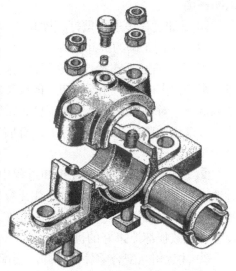

图7-34　正滑动轴承分解轴测图

是轴承座和轴承盖。在座与盖之间装有由上、下两个半圆筒组成的轴衬，所支承的轴即在轴衬孔中转动。为了耐磨，轴衬用青铜铸成。轴衬孔内设有油槽，以便存油供运转时轴、孔间润滑用。为了注入润滑油，轴承盖顶部安装一油杯。轴承盖与轴承座用一对螺栓加以联接。为了调整轴衬与轴配合的松紧，盖与座之间留有间隙。为防止轴衬随轴转动，将固定套插入轴承盖与上轴衬油孔中。

2. 拆卸部件、画装配示意图

通过拆卸，对各零件的作用和结构及零件之间的装配和连接关系要做进一步地了解。拆卸时须注意：为防止丢失和混淆，应将零件进行编号；对不便拆卸的连接、过盈配合的零件尽量不拆，以免损坏或影响精度；对标准件和非标准件最好分类保管。

对零件较多的部件，为便于拆卸后重装和为画装配图时提供参考，在拆卸过程中应画装配示意图。它是用规定符号和简单的线条绘制的图样，是一种表意性的图示方法，用于记录零件间的相对位置、连接关系和配合性质，注明零件的名称、数量和编号等。

装配示意图的画法：对一般零件可按其外形和结构特点形象地画出零件的大致轮廓；一般从主要零件和较大的零件入手，按装配顺序和零件的位置逐个画出示意图，可将零件当作透明体，其表达可不受前后层次的限制，并尽量将所有零件都集中在一个视图上表达出来。

实在无法表达时，才画出第二个图（应与第一个视图保持投影关系）。画机构传动部分的示意图时，应按国家标准（GB/T 4460—2013）《机械制图　机构运动简图用图形符号》绘制（参看表 7-1）。

表 7-1　机构运动简图用图形符号（GB/T 4460—2013）

名称	例图	基本符号	可用符号
轴、杆			
轮与轴固定连接		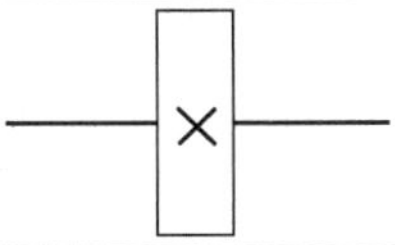	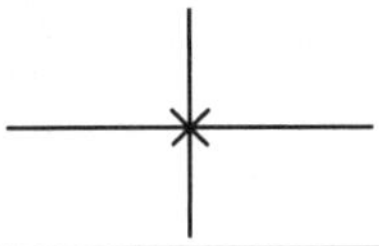
螺杆与螺母		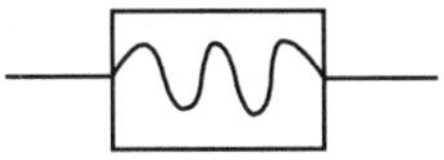	
滑动轴承			—
深沟球轴承		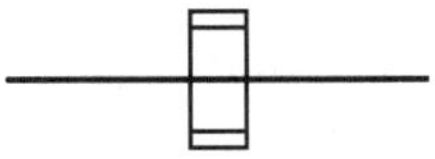	
推力球轴承		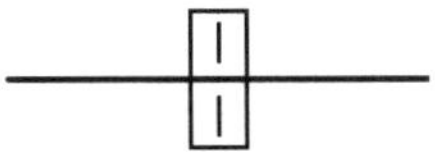	
圆锥滚子轴承		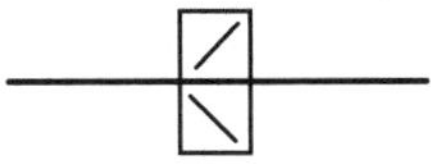	
固定联轴器		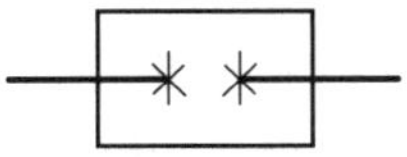	—

（续）

名称	例图	基本符号	可用符号
圆柱齿轮啮合			
锥齿轮啮合			
蜗轮蜗杆啮合			
V带传动			
平带传动			
圆带传动			
电动机 （一般符号） 电动机 （装在支架上）			

图 7-34 所示的滑动轴承的装配示意图如图 7-35所示。

3. 画零件草图

拆卸工作结束后，要对零件进行测绘，画出零件草图。

画零件草图时，应注意以下两点：

1）标准件可不画草图，但要测出其规格尺寸，然后查阅标准手册，按规定标记登记在标准明细栏内（例如：螺栓 GB/T 8—1988 M12 × 130）。

2）注意零件间有配合、连接关系的尺寸的协调与一致性。如轴承盖油孔直径和固定套直径，轴承座、轴承盖上两螺栓孔间的距离和座与盖的宽度等尺寸必须协调、一致，并应将其

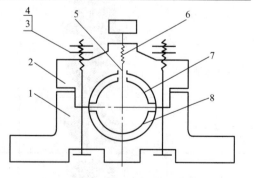

图 7-35　正滑动轴承装配示意图
1—轴承座　2—轴承盖　3—螺母　4—螺栓
5—轴瓦固定套　6—油杯　7—上轴瓦　8—下轴瓦

同时标注在相关零件图上。

4. 画装配图和零件图

根据零件草图和装配示意图绘制装配图，再根据装配图和零件草图绘制零件图。

任务3　一般部件中装配图和零件图的绘制

装配图和零件图是零部件测绘实训的最终成果体现。现通过实例，介绍装配图和零件图的画法技巧。

1. 常见的装配工艺结构和装置

在部件上会有一些常见的装配工艺结构和装置，这些结构和装置可使零部件的结构更合理。了解这些常见的结构和装置，可提高绘图的效率。

（1）装配工艺结构

装配工艺结构是零件根据装配需要而特殊设计的结构。常见的结构见表7-2。

表7-2　常见工艺结构

序号	结　　构	说　　明
1	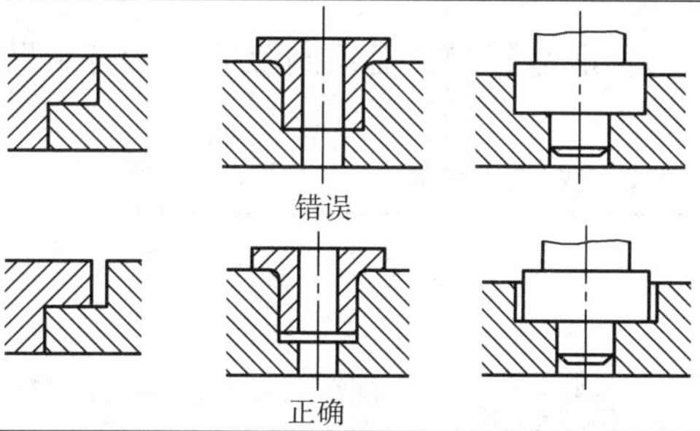 错误 正确	如果两个零件间有结合面，在同一方向上只能有一个接触面，而不能有两个或两个以上接触面。这是从保证接触面有良好的接触和便于零件加工的角度来考虑的
2	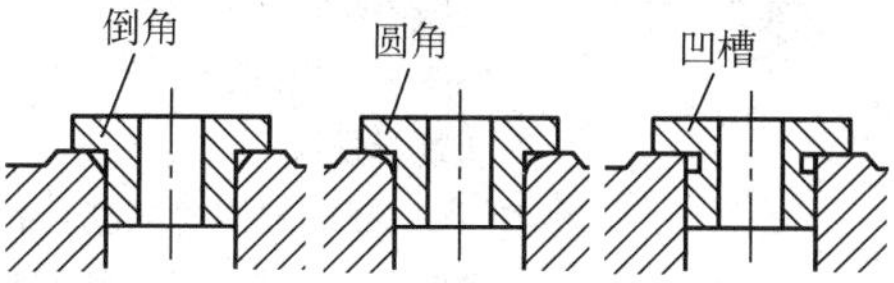 倒角　圆角　凹槽	两个配合零件的接触面的转角处应做出倒角、圆角或凹槽，保留一定间隙，以保证两接触面紧密接触
3	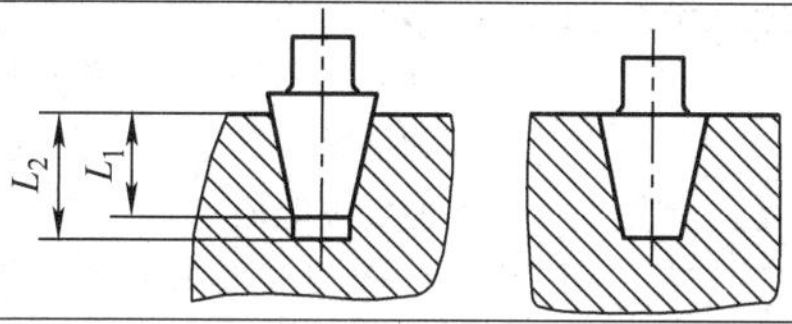 L_2　L_1	当两零件有锥面配合时，锥体底面与锥孔底面应留有空隙，这样才能保证锥面之间的紧密配合
4	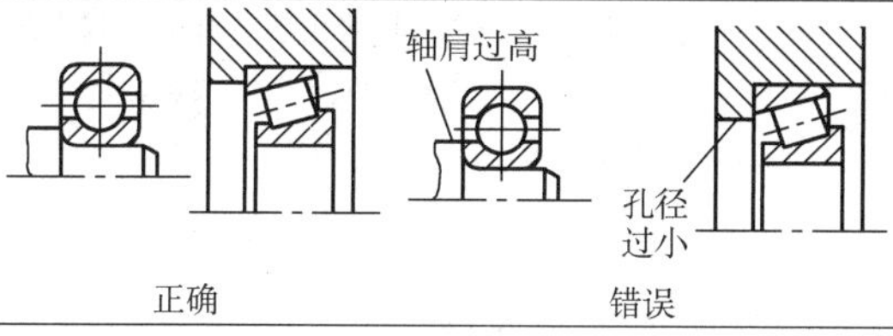 轴肩过高 孔径过小 正确　　　错误	滚动轴承以轴肩进行轴向定位时，为了便于拆卸轴承，要求轴肩或孔肩的高度应分别小于轴承内圈或外圈的厚度
5	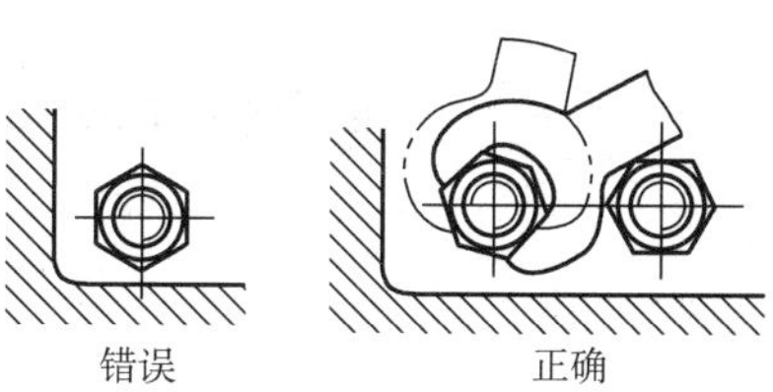 错误　　　正确	为了便于拆装，必须留出扳手的活动空间

（续）

序号	结　　　构	说　　　明
6	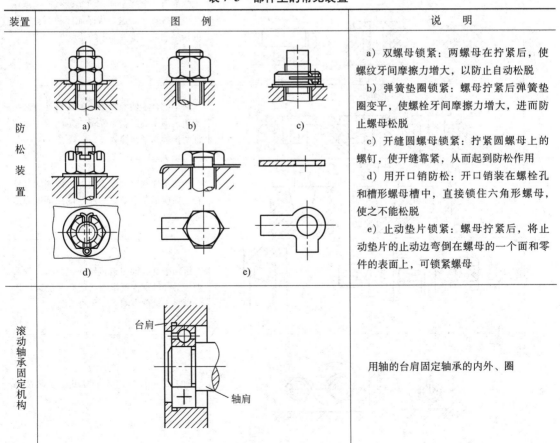 错误　　　正确	留出装拆螺栓的空间
7	通孔　　　　　盲孔	为了加工销孔和拆卸销钉，在可能的条件下，尽量将销孔做成通孔。盲孔中的销钉通常在端部有一个螺纹孔，以便于销钉的拆卸

（2）部件上常见的装置

在许多部件上都会有一些同类装置，熟悉这些装置，对绘制装配图大有帮助。部件上的常见装置见表7-3。

表7-3　部件上的常见装置

装置	图　　　例	说　　　明
防松装置	a)　　　b)　　　c) d)　　　　e)	a）双螺母锁紧：两螺母在拧紧后，使螺纹牙间摩擦力增大，以防止自动松脱 b）弹簧垫圈锁紧：螺母拧紧后弹簧垫圈变平，使螺栓牙间摩擦力增大，进而防止螺母松脱 c）开缝圆螺母锁紧：拧紧圆螺母上的螺钉，使开缝靠紧，从而起到防松作用 d）用开口销防松：开口销装在螺栓孔和槽形螺母槽中，直接锁住六角形螺母，使之不能松脱 e）止动垫片锁紧：螺母拧紧后，将止动垫片的止动边弯倒在螺母的一个面和零件的表面上，可锁紧螺母
滚动轴承固定机构	台肩　　轴肩	用轴的台肩固定轴承的内外、圈

（续）

装置	图　例	说　明
滚动轴承固定机构		用轴肩端盖和弹性挡圈固定内、外圈
		用轴端挡圈固定轴承内圈
		圆螺母外边有四个槽，止退垫圈孔中的止退片卡在轴槽中，外边六个止退片中一个卡在圆螺母的一个槽中，螺母轴向固定，使轴承轴向固定
		轴左端安装一个带轮，带轮和轴承之间安装套筒，用以固定轴承内圈
滚动轴承间隙调整装置		用更换不同厚度的金属片的办法调整间隙
		用螺钉调整止推盘

（续）

装置	图 例	说 明
滚动轴承的密封装置	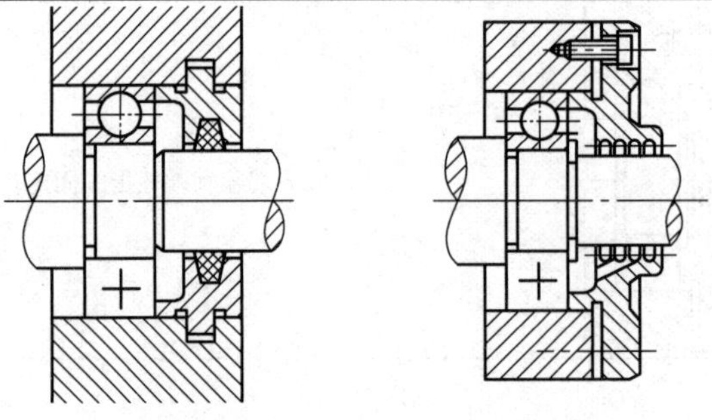 a) b) 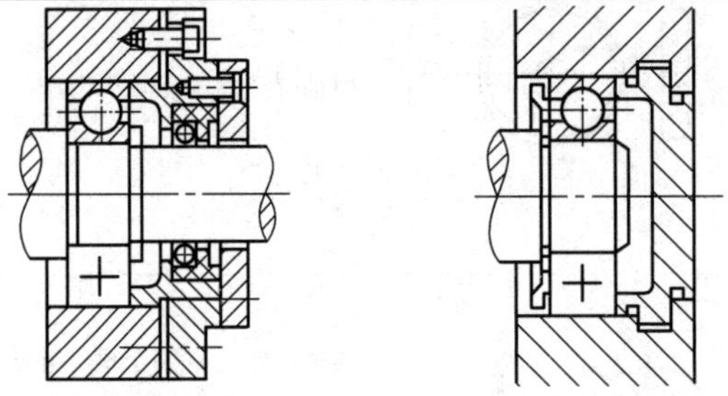 c) d)	a）毡圈密封 b）油沟密封 c）皮碗密封 d）挡油环密封
防漏结构	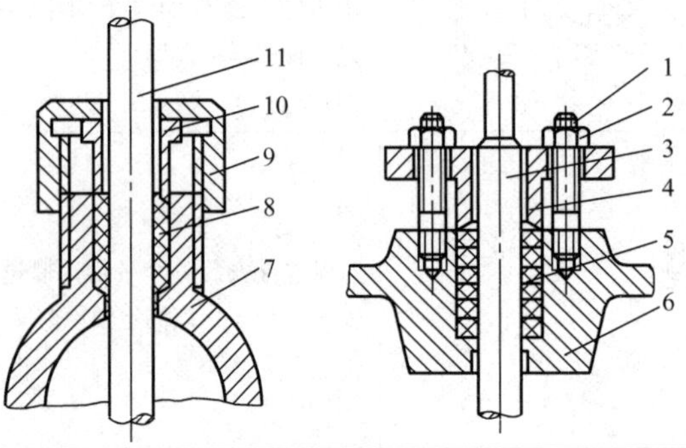 11 10 9 8 7 1 2 3 4 5 6	1—双头螺柱 2、9—螺母 3、11—阀杆 4、10—压盖 5、8—填料 6、7—阀体

2. 装配图的画法步骤

部件的表达方案确定后，应根据部件的实际大小及结构的复杂程度着手画图。

（1）选择表达方案

装配图的表达方案是以零件草图和装配示意图为依据，根据装配图的视图选择原则来拟定的。现以图7-35所示的滑动轴承为例，说明装配图的画法。

通过对装配示意图的分析可知，滑动轴承由8种零件组成，表达滑动轴承的装配情况应选择2~3个基本视图。

1）主视图的选择。主视图的选择应符合部件的工作位置或习惯放置位置。尽可能反映该部件的结构特点、工作状况及零件之间的装配、连接关系；应能明显地表示出部件的工作原理；主视图通常取剖视，以表达零件主要装配干线（如工作系统、传动路线）。

主视图采用半剖视，既明显地反映出滑动轴承的结构特点，又将零件间的配合、连接关系表示得很清楚，同时也符合其工作位置。

2）其他视图的选择。其他视图的选择应能补充主视图尚未表达或表达不够充分的部分。

一般情况下，部件中的每一种零件至少应在视图中出现一次。如左视图采用了半剖（用两个平行的平面剖切），将轴衬与轴承座、轴承盖间的配合、连接关系表示出来，也将轴承座的结构表示得更加清楚。俯视图采用了拆卸画法（半剖），侧重表示座、盖等主体零件的外形和轴衬孔内的油槽结构。选择其他视图时还应注意，不可遗漏任何一个有装配关系的细小部位。

（2）确定绘图比例和图纸幅面

在表达方案确定以后，根据部件的总体尺寸、复杂程度和视图数量确定绘图比例及标准的图纸幅面。布图时，应同时考虑标题栏、明细栏、零件编号、标注尺寸和技术要求等所需的位置。通过滑动轴承的装配示意图和轴承座零件草图（图7-36）、滑动轴承盖零件草图（图7-37）可以知道，滑动轴承装配完成后的总长为200，总宽为62，不含油杯时总高为55 +42 =97。由此可选定比例为1∶1，选择A3图纸竖放，用主、俯两个视图来表达。

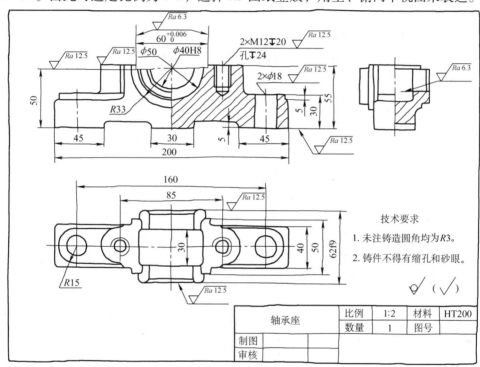

图7-36　滑动轴承座零件草图

（3）画图步骤

1）绘制各视图的主要基准线。它们通常是指主要轴线（装配干线）、对称中心线、主要零件的基面或端面等（图7-38a）。

2）绘制主体结构和与它直接相关的重要零件。不同的机器或部件，都有决定其特性的主体结构，在绘图时必须根据设计计算，首先绘制出主体结构的轮廓。与主体结构相接的重要零件也要相继画出。据此，滑动轴承首先画出了轴承座、盖及上、下轴衬的轮廓（图7-38b）。

3）绘制其他次要零件和细部结构。逐步画出主体结构与重要零件的细节，以及各种连接件，如螺栓、螺母、键、销等（图7-38c、d）。

4）检查核对底稿，加深图线，画剖面线。

5）标注尺寸。滑动轴承装配图应标注下列尺寸：

① 性能尺寸　性能尺寸是表示滑动轴承性能和规格大小的尺寸，如图7-39所示滑动轴

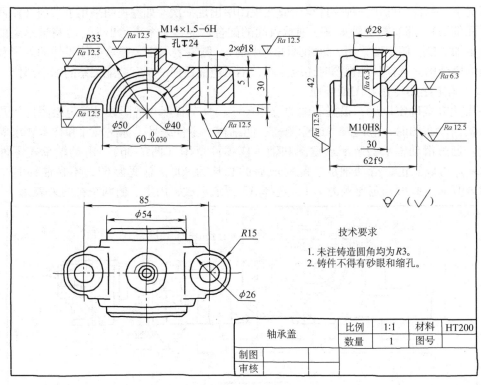

图7-37　滑动轴承盖零件草图

承装配图中标注的 $\phi35H7$，表明该轴承只能与直径为 $\phi35$ 的轴装配使用。

② 装配尺寸　装配尺寸是表示滑动轴承中各零件之间装配关系的尺寸，包括配合尺寸和相对位置尺寸。如轴衬与轴承座、轴承盖之间的配合尺寸，油杯与上轴衬油孔的配合尺寸 $\phi10H8/js7$，轴承盖与轴承座止口的配合尺寸 $60H7/f6$ 等。两螺栓中心距 85 ± 0.3 是相对位置尺寸。

③ 安装尺寸　安装尺寸是表示滑动轴承安装到机器或基座上的安装定位尺寸，如轴承座上两螺栓孔的中心距 160 和螺栓孔 $2\times\phi18$。

④ 外形尺寸　外形尺寸是表示滑动轴承外形轮廓的尺寸，如总长尺寸 200，总高尺寸 110，总宽尺寸 60。

6）编写序号，画标题栏、明细栏，注写技术要求，完成全图，如图 7-39 所示。

装配图技术要求有规定标注和文字标写两种，如图 7-39 所示，应包括下列内容。

① 在装配过程中应满足配合要求的尺寸，如配合尺寸的基本偏差、精度等级、基准制度等，这些都是用规定方法进行标注。

② 用来检验、试验的条件、规范及操作要求，如技术要求中文字注明的"上下轴瓦与轴承座及轴承盖之间应保证接触良好"。

③ 机器部件的规格、性能参数、使用条件及注意事项，如轴承工作温度应低于 120℃。

3. 根据零件草图和装配图绘制零件工作图

零件草图和装配图画完之后，再根据零件草图，用尺规或计算机绘制零件工作图，其画法步骤和画零件草图基本相同。绘制零件工作图不是简单地抄画零件草图，因为零件工作图是制造零件的依据，它比零件草图要求更加准确、完善，对零件草图中视图表达、尺寸标注

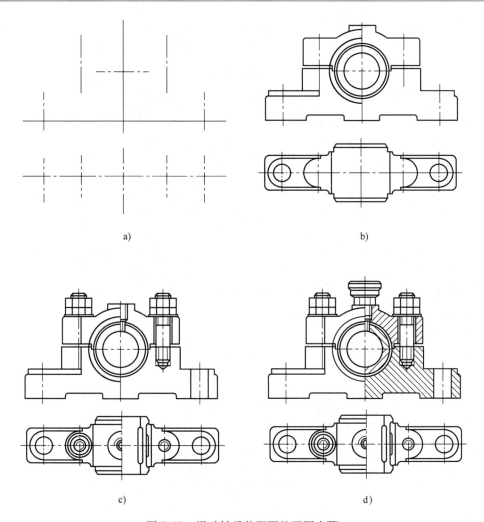

a)　　　　　　　　　　　　　b)

c)　　　　　　　　　　　　　d)

图7-38　滑动轴承装配图的画图步骤

a）画视图中心线、基准线　b）画轴承座、轴承盖

c）画其他零件的视图轮廓　d）画细部结构、油杯、剖面线、描粗图线

和技术要求注写存在的不合理、不完善之处，在绘制零件工作图时都要进行调整和修正。

　　绘制零件工作图时，各零件相互配合的尺寸、关联尺寸及其他重要尺寸应保持一致，要反复认真检查校核，以保证零件工作图内容的完整、正确。下面以滑动轴承座为例说明零件工作图的绘制步骤。

　　（1）确定表达方案

　　根据轴承座的特点，通常要选择2~3个基本视图。主视图的选择应按照工作位置状态放置，并以表现轴承座形状特征较明显的一面作为投影方向，选择沿着螺纹孔的轴线剖切画出半剖视图。采取这样的表达方案，主视图可以清楚地表达轴承座的形状结构特征及各结构的相对位置关系。对于轴承座宽度方向的形状结构，由俯视图来表达。左视图可选择全剖视，以表达轴承座的内部形状。

　　轴承座是铸造零件，其铸造圆角、拔模斜度等铸造工艺结构都要表达清楚。铸造零件上常有砂眼、气孔等铸造缺陷，以及长期使用后造成的磨损、碰伤等使零件变形、缺损，画图时要加以修正，使之恢复原形。

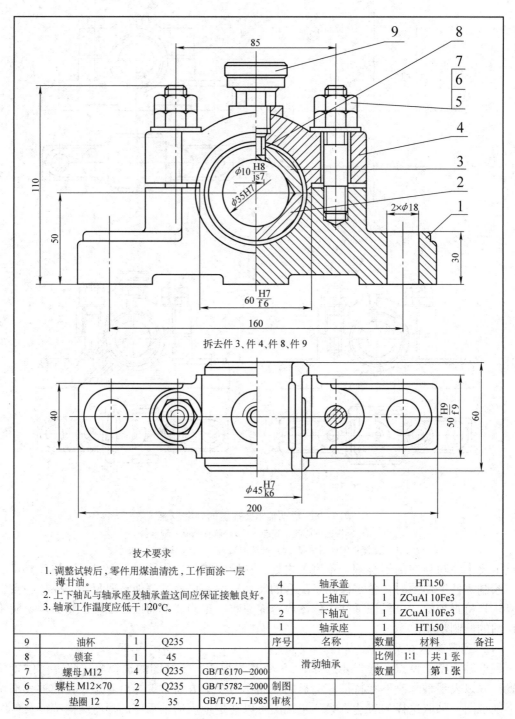

图 7-39　滑动轴承装配图

（2）标注零件尺寸

首先要分析确定尺寸基准。轴承座在长度方向上是对称结构，应选择对称面作为主要基准；宽度尺寸方向也是对称结构，应选择对称面作为主要基准；高度方向尺寸主要基准应选择轴承座的安装底面。

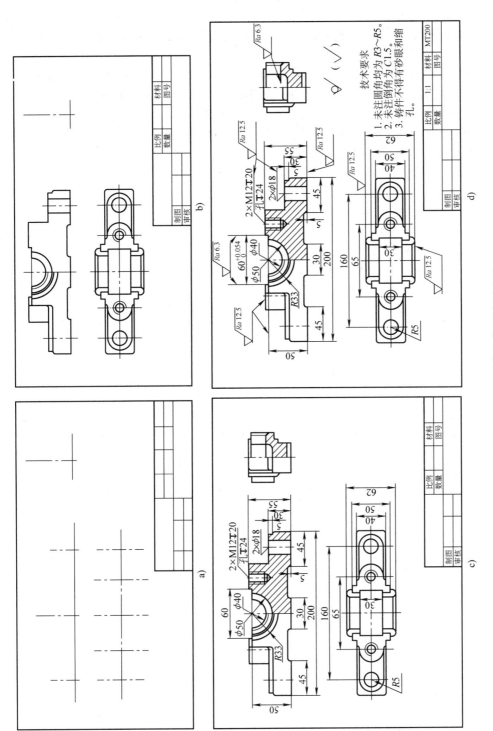

图 7-40　滑轴承座零件工作图绘图过程

a) 画图框、标题栏、定基线　b) 画视图的主要轮廓　c) 完成细节，标注尺寸　d) 绘图完成

（3）标注技术要求

轴承座上的尺寸公差、表面粗糙度、几何公差等技术要求可采用类比法参考同类型零件图选择。选择的原则、方法参见学习情境 5。

1）尺寸公差　主要尺寸应保证其精度，如轴承座上与轴瓦相配合的孔要标注尺寸公差，公差等级一般选用 IT6 ~ IT8 级。

2）表面粗糙度　轴承座与轴瓦配合表面粗糙度要求较高，一般选用 $Ra1.6 ~ 3.2\mu m$，与轴承盖结合面或与其他零件的结合面选择 $Ra3.2\mu m$，其余加工表面为 $Ra6.3 ~ 12.5\mu m$，未加工表面为毛坯面，可不作精度等级要求，但要进行标注。

3）材料与热处理　轴承座是铸造零件，一般采用 HT150 材料（150 号灰铸铁），其毛坯应经过时效热处理，这些内容可在技术要求中用文字注写清楚。

图 7-40 所示为滑动轴承座零件工作图的绘图过程。

学习情境 8　机用虎钳的测绘

学习目标:

1) 了解机用虎钳的工作原理。
2) 掌握机用虎钳零件草图的绘制。
3) 掌握机用虎钳装配图的绘制。
4) 掌握机用虎钳零件工作图的绘制。

任务1　机用虎钳部件分析

1. 机用虎钳的工作原理分析

如图 8-1 所示, 机用虎钳是安装在机床工作台上, 用于夹紧工件以便切削加工的一种通用工具。图 8-2 是机用虎钳的轴测分解图, 旋转螺杆 8 使螺母块 9 带动活动钳身 4 做水平方向左右移动, 夹紧工件进行切削加工。

2. 机用虎钳的结构分析

机用虎钳由 11 种零件组成, 其中, 垫圈 5、圆柱销 7、螺钉 10 和垫圈 11 是标准件。机用虎钳中主要零件之间的装配关系: 螺母块 9 从固定钳座 1 的下方空腔装入工字形槽内, 再装入螺杆 8, 并用垫圈 11、垫圈 5 以及环 6、圆柱销 7 将螺杆轴向固定; 通过螺钉 3 将活动钳身 4 与螺母块 9 联接; 最后用螺钉

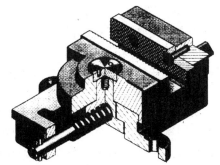

图 8-1　机用虎钳的轴测装配图

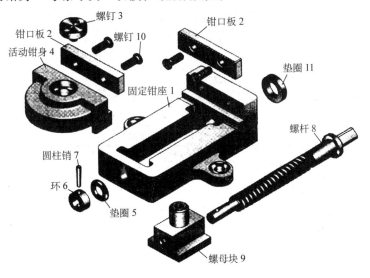

图 8-2　机用虎钳的轴测分解图

10 将两块钳口板2分别与固定钳座和活动钳身联接。

任务2　画机用虎钳的装配示意图和拆卸机用虎钳

1. 绘制装配示意图

画机用虎钳的装配示意图时，应先画固定钳座，画螺杆、螺母块和活动钳身，然后逐个画出垫圈、螺钉、钳口板等，如图8-3所示。

在拆卸过程中，要注意了解和分析机用虎钳中零件间的连接方式和装配关系等，为绘制零件草图和部件装配图做必要的准备。

（1）连接与固定方式

螺杆通过螺纹与螺母块旋合在一起，螺杆的右端轴肩通过垫圈固定在固定钳座的右端面，螺杆左端用环、销和垫圈固定在固定钳座的左端面；活动钳身通过专用

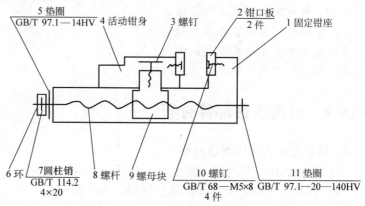

图8-3　机用虎钳装配示意图

螺钉与螺母块连成整体；再用螺钉将钳口板紧固在固定钳座和活动钳身上。

（2）配合关系

由螺杆的旋转运动通过螺母块带动活动钳身做水平移动。机用虎钳共四处有配合要求：螺杆在固定钳座左、右端的支承孔中转动，采用间隙较大的间隙配合；活动钳身与螺母块虽没有相对运动，但为便于装配，也采用间隙较小的间隙配合；活动钳身与固定钳座两侧结合面的配合有相对运动，所以还是采用间隙较大的间隙配合。

2. 拆卸机用虎钳

如图8-3所示，机用虎钳的拆卸顺序为：先拆下圆柱销7，取下环6、垫圈5；旋出螺杆8，取下垫圈11；旋出螺钉3，取下活动钳身4，旋出螺钉10，取下钳口板2，取下螺母块9；最后旋出固定钳座1上的螺钉10，取下钳口板2。拆卸时，应注意零件间的配合关系，如螺杆8与固定钳座1为间隙配合。

拆卸时边拆卸边记录（见表8-1）。如果装配示意图未能在拆卸前完成，还要在拆卸的同时完成装配示意图。

表8-1　机用虎钳拆卸记录

步骤次序	拆卸内容	遇到的问题及注意事项	备　注
1	圆柱销7		
2	环6		
3	垫圈5		
4	旋出螺杆8		
5	取出垫圈11		

（续）

步骤次序	拆卸内容	遇到的问题及注意事项	备　注
6	旋出螺钉 3		
7	取下活动钳身 4		
8	旋出螺钉 10		
9	取下钳口板 2		
10	旋出螺钉 3		
11	取下螺母块 9		
12	旋出螺钉 10		
13	取下钳口板 2		

拆卸完成后，对所有零件按一定的顺序编号，填写到装配示意图中去，对部件中的标准件，编制标准件明细表（见表 8-2）。

表 8-2　机用虎钳标准件明细表

序号	名称	标记	材料	数量	备注
1	圆柱销 7	GB/T 119.1—2000　4×20	35	1	
2	螺钉 10	GB/T 68—M8×18	Q235A	4	
3	垫圈 5	GB/T 97.1　14-140HV	Q235A	1	
4	垫圈 11	GB/T 97.1　20-140HV	Q235A	1	

任务 3　绘制机用虎钳零件草图

机用虎钳中除了四种标准件以外，其他是专用件，都要画出零件草图。下面是机用虎钳中螺母块、活动钳身、螺杆等零件的测绘过程。

1. 测绘螺母块

（1）选择零件视图并确定表达方案

螺母块的结构形状为上圆下方，上部圆柱体与活动钳身相配合，并通过螺钉调节松紧度；下部方形体内的螺孔旋入螺杆，将螺杆的旋转运动改变为螺母的左右水平移动。底部前后凸出部分的上表面与固定钳身工字形槽的下表面相接触，有相对运动。

主视图采用全剖视，表达螺母块下部的螺孔（通孔）和上部的螺孔（不通孔），俯视图和左视图主要表达外形，矩形螺纹属非标准螺纹，故需画出牙型的局部放大图。

（2）测量并标注尺寸

以螺母块左右对称中心线为长度方向尺寸主要基准，注出尺寸 M10×1；以前后对称中心线为宽度方向尺寸主要基准，注出尺寸 44、26、$\phi20$ 等；以底面为高度方向尺寸主要基准，注出尺寸 14、46 和 8，以顶面为辅助基准注出尺寸 18、16，再以下部螺孔轴线为辅助基准注出尺寸 $\phi18$、$\phi14$（在矩形螺纹的局部放大图上注出螺纹大径和小径的尺寸及其公差）。

测量尺寸时应注意，除了重要尺寸或配合尺寸以外，如果测得的尺寸数值是小数，应圆整成整数，如图 8-4 所示。

（3）确定材料和技术要求

螺母块、环以及垫圈等受力不大的零件选用碳素结构钢 Q235A。为了使螺母块在钳座上移动自如，它的下部凸出部分的上表面有较严的表面粗糙度要求，Ra 值选 $1.6\mu m$。

2. 测绘活动钳身

（1）选择视图并确定方案

活动钳身的左侧为阶梯形半圆柱体，右侧为长方体，前后向下凸出部分包住固定钳座前后两侧面；中部的阶梯孔与螺母块上部圆柱体相配合。

主视图采用全剖视，表示中间的阶梯孔，左侧阶梯形和右侧向下凸出部分的形状；俯视图主要表达活动钳身的外形，并用局部剖表示螺钉孔的位置及其深度；再通过 A 向局部视图补充表示下部凸出部分的形状。

（2）测量并标注尺寸

以活动钳身右端面为长度方向尺寸主要基准，注出 25 和 7，以圆柱孔中心线为辅助基准注出 $\phi28$、$\phi20$，以及 R24 和 R40，长度方向尺寸 65 是参考尺寸；以前后对称中心线为宽度尺寸主要基准，注出尺寸 92、40，以螺孔轴线为辅助基准注出 $2 \times M8$，在 A 向视图中标注尺寸 82 和 5；以底面为高度方向尺寸主要基准，注出尺寸 6、16、26，以顶面为辅助基准注出尺寸 8、36，并在 A 向视图上注出螺孔定位尺寸 11 ±0.3，如图 8-5 所示。

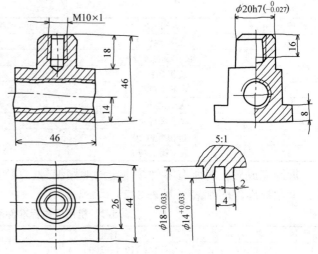

图 8-4　螺母块零件草图

标注零件尺寸时，要特别注意机用虎钳中有装配关系的尺寸，应彼此协调，不要互相矛盾。如螺母块上部圆柱的外径和同它相配合的活动钳身中的孔径应相同，螺母块下部的螺孔尺寸与螺杆要一致，活动钳身前后向下凸出部分与固定钳座前后两侧面相配合的尺寸应一致。

（3）初定材料和确定技术要求

活动钳身是铸件，一般选用中等

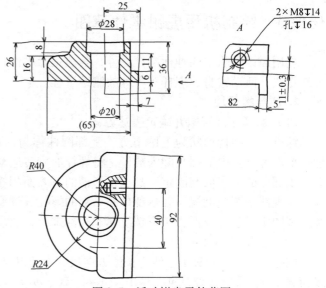

图 8-5　活动钳身零件草图

强度的灰铸铁 HT200；活动钳身底面的表面粗糙度 Ra 值有较严的要求，选 $1.6\mu m$。对于非工作表面如活动钳身的外表面 Ra 值可选 $6.3\mu m$。

3. 测绘螺杆

（1）选择视图并确定表达方案

螺杆为轴类零件，位于固定钳座左右两圆柱孔内，转动螺杆使螺母块带动活动钳身左右移动，可夹紧或松开工件。主要由三部分组成，左部和右部的圆柱部分起定位作用，中间为螺纹，右端用于旋转螺杆。螺杆主要在车床上加工。

根据零件的形状特征，按加工位置或工作位置选择主视图，再按零件的内外结构特点选用必要的其他视图和剖视、断面等表达方法。为了表达螺杆的结构特征，按加工位置使轴线水平放置，用一个视图表达，并用一个移出断面、一个局部放大、一个局部剖视图分别表达方隼、螺纹、销孔。

（2）测量并标注尺寸

以螺杆水平轴线为径向尺寸主要基准，注出各轴段直径；以退刀槽右端面为长度方向尺寸主要基准，注出尺寸 32、174 和 $4 \times \phi 12$，再以两端面为辅助基准注出各部分尺寸。

（3）初定材料和确定技术要求

对于轴、杆、键、销等零件通常选用碳素结构钢，螺杆的材料采用 45 钢；为了使螺杆在钳座左右两圆柱孔内转动灵活，螺杆两端轴颈与圆孔采用基孔制间隙配合（$\phi 18 \mathrm{H8/f7}$、$\phi 12 \mathrm{H8/f7}$）；螺杆上凡工作表面均选择 $Ra 3.2 \mu \mathrm{m}$，其余表面 $Ra 6.3 \mu \mathrm{m}$，如图 8-6 所示。

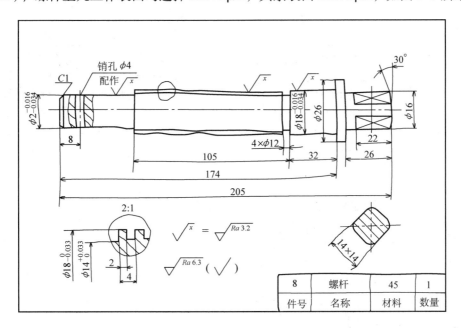

图 8-6　螺杆零件草图

4. 测绘固定钳座

（1）选择视图并确定表达方案

固定钳座的结构形状为左低右高，下部有一空腔，且有一工字形槽。空腔的作用是放置螺杆和螺母块，工字形槽的作用是使螺母块带动活动钳身做水平方向左右移动。

钳座的主视图按其工作位置选择。按其结构形状再增加俯视图和左视图。为表达内部结构，主视图采用全剖视，左视图采用半剖视，俯视图采用局部剖视。

（2）测量并标注尺寸

固定钳座长、宽、高三个方向的基准选择和标注尺寸的步骤请读者自行分析。下面对标注钳座尺寸时应特别注意的地方分析如下：孔 $\phi 12$ 和 $\phi 18$ 宜注出公差带代号和公差数值 $\phi 12 \mathrm{H8}\left(^{+0.027}_{0}\right)$、$\phi 18 \mathrm{H8}\left(^{+0.027}_{0}\right)$，以便加工时借用量规检验孔径是否合格；钳座前后两面间距的尺寸 82 宜给出 f7，便于使用卡规检验，同时注出极限偏差，便于加工时控制实际尺寸 82f7（$^{-0.036}_{-0.071}$）；主视图中的尺寸 20 和左视图中的尺寸 11 两个尺寸所选基准应保持与活动钳身一致（对应），以便两钳口板装上后顶面平齐，也有利于装配后修磨两钳口顶面有装配功能要求的螺孔，光孔孔组的孔距一般设计选用±0.3公差即可，如左视图中的11±0.3和40±0.3。

　　（3）初定材料，确定技术要求

　　固定钳座是铸件，一般选用中等强度的灰铸铁HT200。凡与其他零件有相对运动的表面，如钳座工字形槽的上表面、轴孔内表面等表面粗糙度要求较严，选择 Ra 值1.6μm，其他非工作表面 Ra 值为6.3μm，标注时可采用多个表面的简化注法，零件草图如图8-7所示。

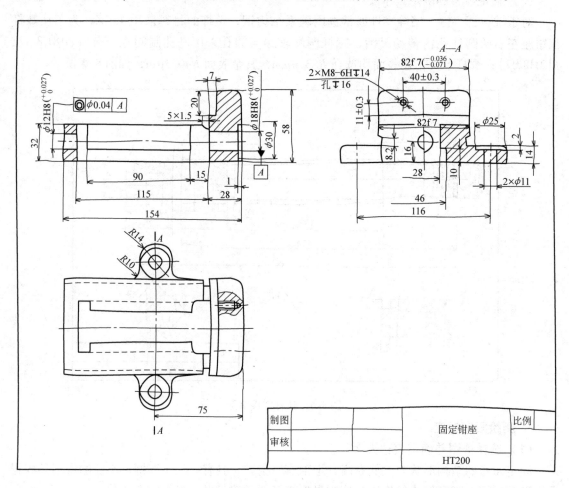

图8-7　固定钳座零件草图

任务4　绘制机用虎钳装配图

　　零件草图完成后，根据装配示意图和零件草图绘制装配图，如图8-8所示。在画装配图的过程中，对草图中存在的零件形状和尺寸的不妥之处作必要的修正。

　　1. 确定机用虎钳装配图的表达方案

　　主视图画成通过主要装配干线进行剖切的剖视图，以反映出部件中各零件间的装配关

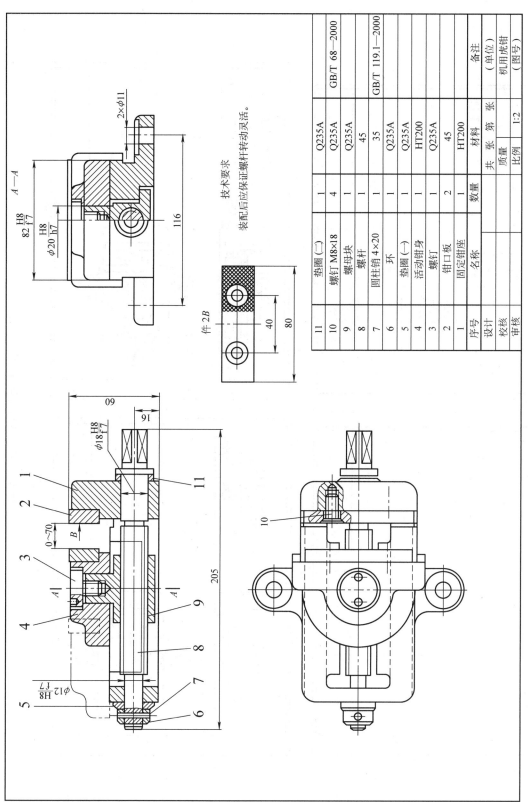

技术要求

装配后应保证螺杆转动灵活。

件 2B

序号	名称	数量	材料	备注
11	垫圈（二）	1	Q235A	
10	螺钉 M8×18	4	Q235A	GB/T 68—2000
9	螺母块	1	Q235A	
8	螺杆	1	45	
7	圆柱销 4×20	1	35	GB/T 119.1—2000
6	环	1	Q235A	
5	垫圈（一）	1	Q235A	
4	活动钳身	1	HT200	
3	螺钉	1	Q235A	
2	钳口板	2	45	
1	固定钳座	1	HT200	
序号	名称	数量	材料	备注
设计			共 张 第 张	（单位）
校核			质量	机用虎钳
审核			比例 1:2	（图号）

图 8-8　机用虎钳的装配图

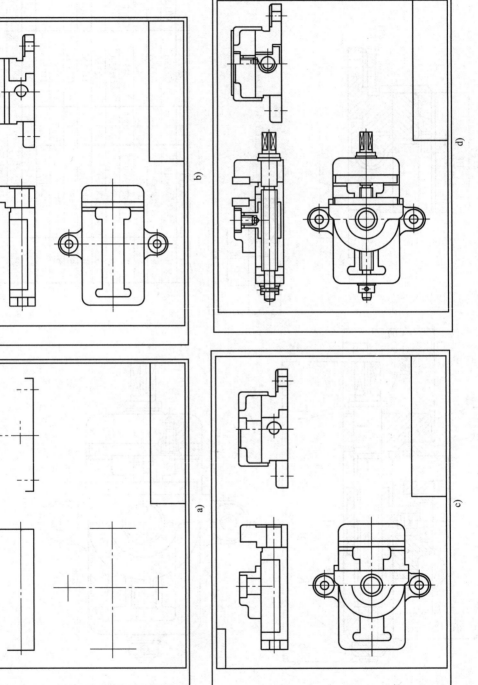

图 8-9　机用虎钳装配图的作图步骤

系；左视图采用半剖，补充表达活动钳身和固定钳座的装配关系及螺母块结构特点；俯视图补充表达固定钳座的结构特点。

2. 确定图纸幅面和绘图比例

图纸幅面和绘图比例应根据装配体的复杂程度和实际大小来选用，应清楚表达出主要装配关系和主要零件的结构。选用图幅时，还应注意在视图之间留有足够的空隙，以便标注尺寸、编写零件序号、注写明细栏、技术要求等。

3. 装配图的绘图步骤

图 8-9 为机用虎钳装配图的作图步骤。

1）画出各视图的主要轴线、对称中心线及作图基准线，如图 8-9a 所示。

2）画出主要零件固定钳座的轮廓线，三个视图要联系起来画，如图 8-9b 所示。

3）画活动钳身的轮廓线，如图 8-9c 所示。

4）画出其他零件，如图 8-9d 所示。

4. 机用虎钳装配图上应标注的尺寸

1）性能尺寸　装夹零件的最大尺寸 0～70。

2）装配尺寸　螺杆和固定钳座孔的配合尺寸 $\phi18H8/f7$；$\phi12H8/f7$；螺母块与固定钳身的配合尺寸 $\phi20H8/h7$；固定钳座和活动钳身的配合尺寸 $\phi82H8/f7$。

3）外形尺寸　长 205，宽 108，高 60。

4）安装尺寸　$2\times\phi11$，116。

5. 机用虎钳的技术要求

1）装配后应保证螺杆转动灵活。

2）装配后夹紧两钳口板，磨削两侧面，以保证和方便工件的定位和测量至平齐，并保证 $Ra1.6$。

任务 5　绘制零件工作图

画装配图的过程，也是进一步校对零件草图的过程，而画零件工作图则是在零件草图经过画装配图进一步校核后进行的。从零件草图到零件工作图不是简单的重复照抄，应再次检查，及时订正，并按装配图中选定的极限与配合要求，在零件工作图上注写尺寸公差数值，标注几何公差代号和表面粗糙度的符号。

机用虎钳中零件工作图的分析内容由读者自行分析，各零件工作图如图 8-10～图 8-14 所示。

1. 螺杆零件工作图（图 8-10）

2. 螺母块零件工作图（图 8-11）

3. 活动钳身零件工作图（图 8-12）

4. 钳口板零件工作图（图 8-13）

5. 固定钳身零件工作图（图 8-14）

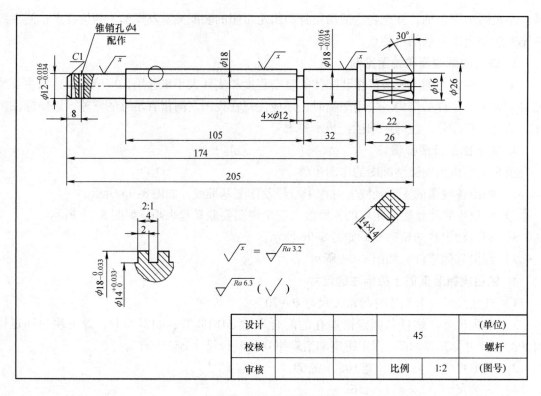

图 8-10　螺杆零件工作图

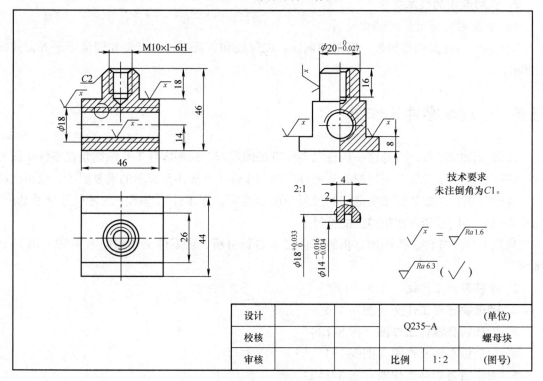

图 8-11　螺母块零件工作图

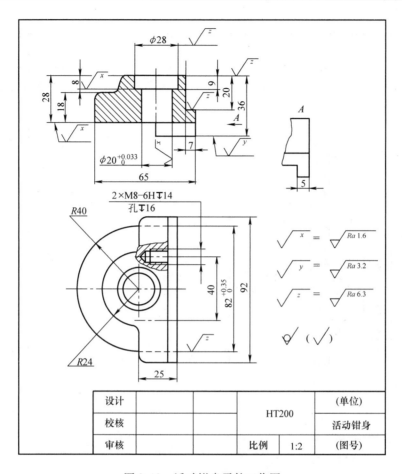

图 8-12　活动钳身零件工作图

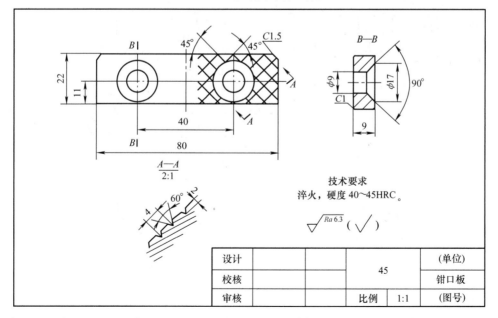

图 8-13　钳口板零件工作图

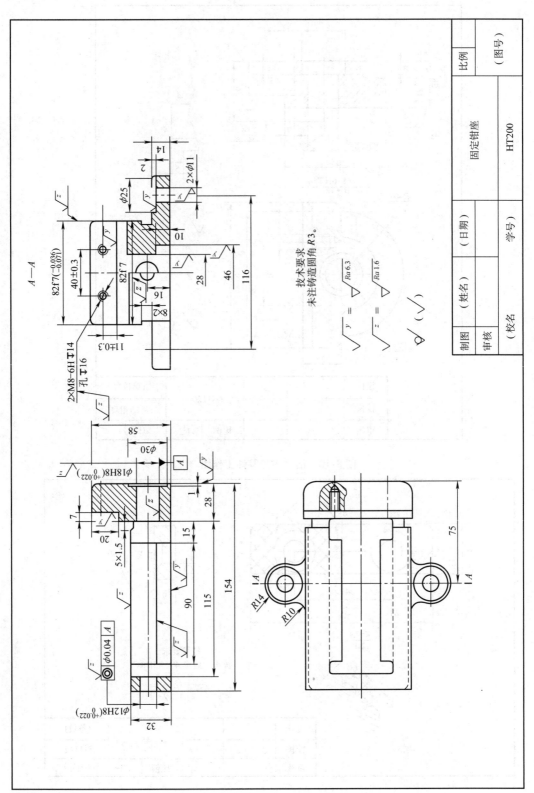

技术要求
未注铸造圆角 R3。

固定钳座

HT200

图 8-14　固定钳身零件工作图

学习情境 9　齿轮泵的测绘

学习目标：

1）了解齿轮泵的工作原理。
2）掌握齿轮泵零件草图的绘制。
3）掌握齿轮泵的装配图的绘制。
4）掌握齿轮泵的零件工作图的绘制。

任务 1　齿轮泵部件分析

齿轮泵是机器润滑系统中的一个部件，主要作用是将润滑油压入机器，使其内部做相对运动的零件接触面之间产生油膜，从而降低零件间的摩擦和减少磨损，确保各运动零件如轴承、齿轮等正常工作。齿轮泵轴测装配图如图 9-1 所示。

1. 齿轮泵的工作原理分析

如图 9-2 所示，当一对齿轮在泵体内做啮合传动时，啮合区内右边的油被齿轮带走，压力降低形成负压，油池内的油在大气压力作用下进入泵低压区内的吸油口，随着齿轮的转动，齿槽中的油不断沿箭头方向被带至左边的压油口把油压出，送至机器中需要润滑的部分。

图 9-1　齿轮泵轴测装配图

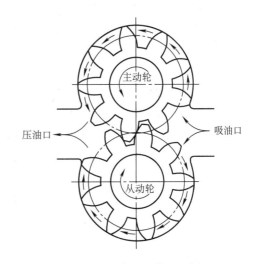

图 9-2　齿轮泵工作原理图

2. 齿轮泵的结构分析

如图 9-3 所示，泵体的内腔容纳一对齿轮。将从动齿轮轴、主动齿轮轴装入泵体后，由左端盖与右端盖支承这一对齿轮轴的旋转运动。圆柱销将左、右端盖与泵体定位后，再用螺钉联接。为防止泵体与端盖结合面及齿轮轴伸出端漏油，分别用垫片、密封圈、压盖及压盖螺母密封。

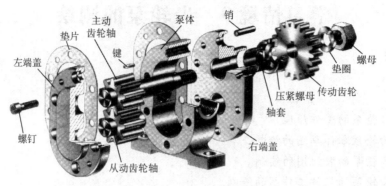

图9-3　齿轮泵轴测分解图

任务2　画齿轮泵的装配示意图和拆卸齿轮泵

1. 绘制装配示意图

（1）连接与固定方式

泵体与泵盖通过销和螺钉定位联接，主动齿轮轴与从动齿轮轴通过两齿轮端面与左、右端盖内侧面接触而定位，主动齿轮轴伸出端上的传动齿轮是由键与轴联接，并通过弹簧垫圈和螺母固定。

（2）配合关系

两齿轮轴在左、右端盖的轴孔中有相对运动（轴颈在轴孔中旋转），所以应该选用间隙配合；一对啮合齿轮在泵体内快速旋转，两齿顶圆与泵体内腔也是间隙配合；轴套的外圆柱面与右端盖轴孔虽然没有相对运动，但考虑到拆卸方便，选用间隙配合；传动齿轮的内孔与主动齿轮轴之间没有相对运动，右端有螺母轴向锁紧，所以应选择较松的过渡配合（或较紧的间隙配合）。

（3）密封结构

主动齿轮轴的伸出端有密封圈，通过轴套压紧，并用压紧螺母压紧而密封；泵体与左、右端盖连接时，垫片被压紧，也起密封作用。

（4）绘制装配示意图（见图9-4）

从图9-3可看出，齿轮泵有两条装配线：一条是主动齿轮轴装配线，主动齿轮轴装在泵体和左、右端盖的支承孔内，在主动齿轮轴右边的伸出端装有密封圈、轴套、压紧螺母、传动齿轮、键、垫圈和螺母；另一条是从动齿轮轴装配线，从动齿轮轴装在泵体和左、右端盖的支承孔内，与主动齿轮轴相啮合。

2. 拆卸齿轮泵

齿轮泵的拆卸顺序为：

① 螺母—垫圈—传动齿轮—压紧螺母（连轴套）—密封圈。

② 销—螺钉—左、右端盖—垫片—主动齿轮轴—从动齿轮轴—泵体。

在拆卸过程中，要注意了解和分析齿轮泵中零件间的连接方式、装配关系以及密封结构等。

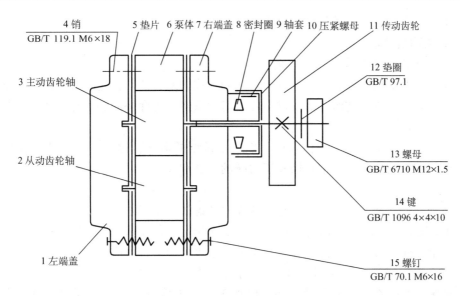

图 9-4　齿轮泵装配示意图

　　拆卸时边拆卸边记录（见表9-1）。如果装配示意图未能在拆卸前完成，还要在拆卸的同时完成装配示意图。

表 9-1　齿轮泵拆卸记录

步骤次序	拆卸内容	遇到的问题及注意事项	备注
1	螺母、垫圈		
2	传动齿轮		
3	压紧螺母（连轴套）、密封圈		
4	销		
5	螺钉		
6	左、右端盖		
7	主动齿轮轴		
8	从动齿轮轴		
9	泵体		

　　拆卸完成后，对所有零件按一定的顺序编号，填写到装配示意图中，对部件中的标准件，编制标准件明细表（见表9-2）。

表 9-2　齿轮泵标准件明细表

序号	名称	标记	材料	数量	备注
1	螺母	GB/T 6710 M12×1.5	35	3	
2	垫圈	GB/T 97.1—2000	65Mn	1	
3	销	GB/T 119.1 M6×18	45	4	
4	螺钉	GB/T 70.1 M6×16	35	12	
5	密封圈		毛毡		
6	键	GB/T 1096 4×10	45	1	

任务 3　绘制齿轮泵零件草图

　　齿轮泵中除了6种标准件以外，其他都是专用件，都要画出零件草图。下面是齿轮泵中的主动齿轮轴、右端盖等零件的测绘过程。

1. 测绘主动齿轮轴

（1）选择零件视图并确定表达方案

主动齿轮轴的结构比较简单，各部分均为同轴线的回转体。齿轮轴的左端与左端盖的支承孔装配在一起，右端有键槽，通过键与传动齿轮联接，再由垫圈和螺母紧固。齿轮部分的两端有砂轮越程槽，螺纹端有退刀槽。

主视图取轴线水平放置，键槽朝前，以表示键槽的形状；键槽的深度用移出断面图表示；两个局部放大图分别表示越程槽和退刀槽的形状和大小。

（2）测量并标注尺寸

合理地选择尺寸基准，是标注尺寸时首先要考虑的重要问题，标注尺寸时应尽可能使设计基准与工艺基准统一，做到既符合设计要求，又满足工艺要求。但实际上往往不能兼顾设计和工艺要求，此时必须对零件各部分结构的尺寸进行分析，明确哪些是重要尺寸，哪些是非重要尺寸。重要尺寸应从设计基准出发标注，直接反映设计要求，如图 9-5 中的尺寸 25f7。非重要尺寸应考虑加工测量方便，以加工顺序为依据，由工艺测量基准出发标注尺寸，以直接反映工艺要求，如图 9-5 中的尺寸 12、30、18 等。

长度方向（轴向）以齿轮的左端面（此端面是确定齿轮轴在泵中轴向位置的重要端面）为主要尺寸（设计）基准，注出重要尺寸 25f7；长度方向辅助基准 I 是轴的左端面，注出总长 112 和主要基准与辅助基准之间的联系尺寸 12；长度方向的辅助基准 II 是轴的右端面，注出尺寸 30，再以辅助基准III注出键槽的定位尺寸 2 和轴段长度 18，ϕ16 轴段为长度方向尺寸链的开口环。空出不注尺寸；以水平位置的轴线作为径向（高度和宽度）尺寸基准，由此注出各轴段以及齿轮顶圆和分度圆直径，如图 9-5 所示。

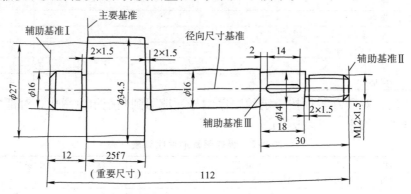

图 9-5　主动齿轮轴零件草图

（3）初定材料和确定技术要求

齿轮轴选用碳素结构钢（整体调质后，齿面高频淬火处理），如 45 钢；承受摩擦的轴套可选用铸造铜合金，如 ZCuSn5Pb5Zn5（铸造锡青铜）；齿轮泵中的一对啮合齿轮在泵体中高速旋转，齿轮齿顶圆的表面和泵体齿轮孔的内表面都有较高的表面粗糙度要求，可选用 Rz6.3，螺孔表面粗糙度可选用 Ra6.3；一对啮合齿轮与泵体齿轮孔采用基孔制间隙配合（ϕ34.5H8/f7）；齿轮轴与左、右端盖支承孔采用基孔制间隙配合（ϕ16H7/h6）；主动齿轮轴与传动齿轮孔（用键联接）采用基孔制过渡配合（ϕ14H7/k6）。

2. 测绘右端盖

（1）选择零件视图并确定表达方案

右端盖上部有主动齿轮轴穿过，下部有从动齿轮轴轴颈的支承孔，在右部凸缘的外圆柱面上有外螺纹，用压紧螺母通过轴套将密封圈压紧在轴的四周。右端盖的外形为长圆形，沿周围分布有 6 个具有沉孔的螺钉孔和 2 个圆柱销孔。如图 9-6 所示。

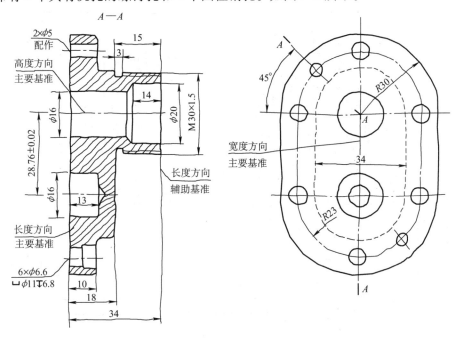

图 9-6　右端盖零件草图

右端盖主视图的投射方向按其工作位置确定，并用一组相交的切割平面对主视图作全剖视。主视图上未能表达右端盖的端面形状和连接板上孔的分布情况，可选择左视图或右视图来表达。选右视图的优点是避免了虚线，若选左视图，长圆形凸缘的投影轮廓虽为虚线，却可省略许多没有必要画出的圆，而使绘图简便。

（2）测量并标注尺寸

以左端面为长度方向的主要尺寸基准，注出右端盖的厚度 10 和凸缘的厚度 18，以及盲孔深度 13。右端盖的右端面的长度方向的辅助基准（其联系尺寸为总长尺寸 34），注出沉孔深度尺寸 14，外螺纹长度尺寸 15（含退刀槽长度尺寸 3）。宽度方向以铅垂的对称中心线为主要尺寸基准，注出尺寸 R30，螺钉孔、销孔的定位尺寸 R23 以及凸缘宽度尺寸 34。高度方向以右端盖上部通孔的轴线为主要尺寸基准，由此注出盲孔 $\phi16$ 的定位尺寸 28.76 ± 0.02，此尺寸属于经计算所得的重要尺寸，不应圆整为整数。

3. 初定材料和确定技术要求

齿轮泵中的泵体和左、右端盖都是铸件，一般选用中等强度的灰铸铁（人工时效处理），如 HT200；泵体与左、右端盖的结合面（中间有垫片）表面粗糙度选用 Ra3.2。

4. 测绘泵体

（1）选择视图并确定表达方案

泵体的结构形状可分为主体和底座两部分。主体部分为长圆形内腔以容纳一对齿轮。前后两个凸起为进、出油孔，与泵体内腔相通。泵体的两端面有与左、右端盖连接用的螺孔和定位销孔。底板部分用来固定泵，底座为长方形，底座的凹槽是为了减少加工面，底座两边各有一个固定泵用的安装孔。如图9-7所示选择反映泵体形状特征的主视图，表达泵体空腔形状及与空腔相通的进、出油孔，同时也反映了销孔与螺纹孔的分布以及底座上沉孔的形状。

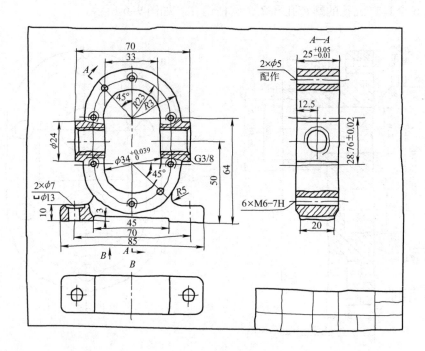

图 9-7　泵体零件草图

（2）测量并标注尺寸

以泵体的左右对称中心线为长度方向尺寸主要基准，注出左右对称的各部分尺寸；以底为高度方向尺寸主要基准，直接注出底面到进出油孔轴线的定位尺寸50，底面到齿轮孔轴线的定位尺寸64，再以此为辅助基准标注两齿轮孔轴线的距离尺寸28.76±0.02。

标注泵体尺寸时必须注意，相关联的零件之间的相关尺寸要一致，如泵体上销孔的定位尺寸与端盖上销孔的定位尺寸注法应完全一致，以保证装配精度。如两个零件装配调试后同时加工，应在零件图中加以说明，如泵体和泵盖零件图上标注的 $2 \times \phi 5$ 配作。

（3）初定材料和确定技术要求

泵体是铸件，一般选用中等强度的灰铸铁HT200。为了保证两齿轮正确的啮合，泵座上两齿轮孔轴线相对轴安装孔轴线应有同轴度要求，且它们均与结合面有垂直度要求；结合面对安装面应有垂直度要求；这几个孔的圆度、圆柱度也直接影响齿轮的旋转精度，但该齿轮泵属于一般齿轮泵，其要求包含在国家标准的未注形位公差数值内，所以在泵座零件图中不需要专门提出。各主要加工表面可选用 $3.2\mu m$ 或 $1.6\mu m$，其余加工表面选用 $6.3\mu m$，不加工的表面为毛坯面；为了保证泵体加工表面的质量，各加工表面不能有气孔；泵体为铸铁件，其毛坯应经时效处理。

左端盖、从动齿轮轴、轴套、压紧螺母等零件草图由读者自己完成。

任务4　绘制齿轮泵装配图

零件草图完成后，根据装配示意图和零件草图绘制装配图。在画装配图的过程中，对草图中存在的零件形状和尺寸的不妥之处做必要的修正。

1. 齿轮泵装配图的表达方案的确定

齿轮泵由泵体、左右端盖、传动齿轮轴等15种零件装配而成，其中标准件6种。装配图用两个视图表达。主视图为 *A—A* 全剖视图，表达各零件之间的装配关系。左视图采用了半剖视图，沿左端盖与泵体的结合面剖开，表达泵的外部形状、齿轮的啮合情况和吸、压油的工作原理。局部剖用来表达进油口。泵的外形尺寸是118、85、95，可知该泵体积不大。

2. 确定图纸幅面和绘图比例

图纸幅面和绘图比例应根据装配体的复杂程度和实际大小来选用，应清楚表达出主要装配关系和主要零件的结构。选用图幅时，还应注意在视图之间留有足够的空隙，以便标注尺寸、编写零件序号、注写明细栏、技术要求等。

3. 绘制装配图的步骤

图9-8为画装配图的步骤：

1）画各视图的主要轴线、中心线和图形定位基线，如图9-8a所示。

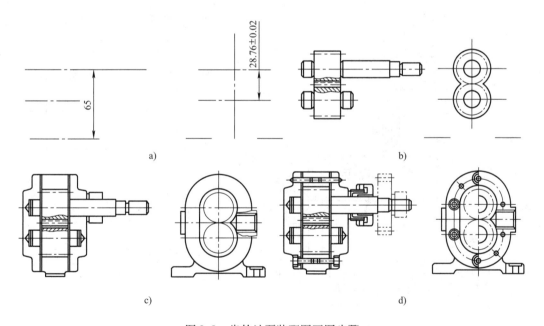

图9-8　齿轮油泵装配图画图步骤

2）由主视图入手配合其他视图，按装配干线，从主动齿轮轴开始，由里向外逐个画出齿轮轴、泵体、泵盖、垫片、密封圈、轴套、压紧螺母、键、传动齿轮等；或从泵体开始由外向里逐个画出主动齿轮轴、从动齿轮轴等，完成装配图的底稿，如图9-8b～d所示。

3）校核底稿，擦去多余作图线，描深，画剖面线、尺寸界线、尺寸线和箭头。

4）编注零件序号，注写尺寸数字，填写标题栏、明细栏和技术要求，最后完成装配图。

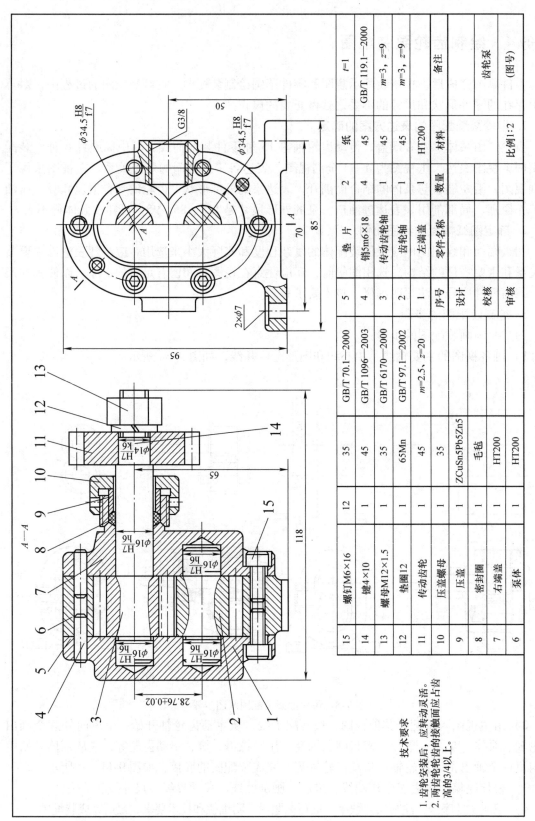

技术要求
1. 齿轮安装后，应转动灵活。
2. 两齿轮轮齿的接触面应占齿高的3/4以上。

15	螺钉M6×16	12	35	GB/T 70.1—2000		5	垫　片	2	纸		$i=1$
14	键4×10	1	45	GB/T 1096—2003		4	销5m6×18	4	45		GB/T 119.1—2000
13	螺母M12×1.5	1	35	GB/T 6170—2000		3	传动齿轮轴	1	45		$m=3$，$z=9$
12	垫圈12	1	65Mn	GB/T 97.1—2002		2	齿轮轴	1	45		$m=3$，$z=9$
11	传动齿轮	1	45	$m=2.5$，$z=20$		1	左端盖	1	HT200		备注
10	压盖螺母	1	35			序号	零件名称	数量	材料		
9	压盖	1	ZCuSn5Pb5Zn5			设计			比例1:2		齿轮泵
8	密封圈	1	毛毡			校核					（图号）
7	右端盖	1	HT200			审核					
6	泵体	1	HT200								

图 9-9　齿轮泵装配图

4. 齿轮泵装配图上应标注的尺寸

1）性能尺寸　中心距 28.76 ± 0.02；进油口、出油口螺孔 G3/8。

2）装配尺寸　主动齿轮轴与左端盖 $\phi16H7/h6$；从动齿轮轴与左端盖 $\phi16H7/h6$；主动齿轮轴与泵体 $\phi16H7/h6$；主动齿轮轴与传动齿轮 $\phi14H7/k6$。

3）外形尺寸　长 118，宽 85，高 95。

4）安装孔尺寸　$2 \times \phi7$，80。

5）其他重要尺寸　齿轮轴右端安装轴段尺寸 $\phi14H7/k6$。

5. 齿轮泵的技术要求　,

1）用垫片调整齿轮端面与泵盖的间隙，使其在 $0.1 \sim 0.15mm$ 范围内。

2）泵装配好后，用手转动主动轴，不得有阻滞现象。

3）不得有渗油现象。

绘制好的齿轮泵装配图如图 9-9 所示。

任务 5　绘制零件工作图

由于装配图主要是用来表达装配关系，因此对某些零件的结构形状往往表达得不够完整，在绘图时，应根据零件的功用加以补充、完善，并按装配图中选定的极限与配合要求，在零件工作图上注写尺寸公差数值，标注几何公差代号和表面粗糙度的符号。

齿轮泵中零件工作图的分析内容由读者自行分析。

学习情境 10　球阀的测绘

学习目标：

1）了解球阀的工作原理。
2）掌握球阀的表达方案。
3）掌握球阀装配图的绘制。
4）掌握球阀装配零件工作图的绘制。

任务 1　球阀部件分析

1. 球阀的工作原理分析

球阀是介质（油、水或者其他液体）管路中的一个部件，用以控制液体的通过或阻断。工作时，当手柄与阀座孔轴线平行时，阀芯的通孔完全与管路的通径重合，阀门完全打开，流量最大；当手柄与座孔轴线垂直时，阀芯的通孔完全与管路的通径垂直，阀门完全被截断，介质不能通过；当手柄处于与阀座孔轴线平行和垂直中间的任何位置时，管路处于半开半闭状态。

2. 球阀的结构分析

球阀主要由阀座、阀盖、阀芯、阀杆、密封圈、填料、手柄等组成，如图 10-1 所示。

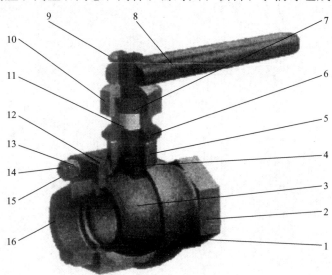

图 10-1　球阀

1—阀座　2、4—密封圈　3—阀芯　5—六角连接管　6—压紧套　7—阀杆　8—手柄　9—开口销
10—压紧螺母　11—填料　12—调整垫　13—垫圈　14—螺柱　15—螺母　16—阀盖

阀芯装在阀座中间的球形空间内，用阀盖并通过 4 个双头螺柱固定；为防止介质渗漏，阀芯两端用密封圈密封；阀杆下端的扁平部分插在阀芯的槽中，上部用以安装手柄，并用开口销固定；为防止介质从阀杆处渗漏，在阀杆和六角连接管之间加了填料，压紧套和压紧螺母可以调整填料的松紧程度；调整垫的作用是防止六角螺母拧紧后，其下端面与阀杆接触卡死阀杆或影响阀杆的转动灵活性。

任务 2　绘制球阀的装配示意图和拆卸球阀

1. 绘制装配示意图（图 10-2）

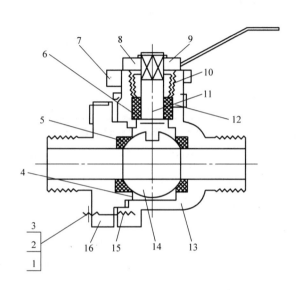

图 10-2　球阀装配示意图

1—螺柱　2—螺母　3—垫圈　4—密封垫　5—密封圈　6—填料　7—压紧螺母　8—开口销　9—手柄
10—压紧套　11—阀杆　12—六角连接管　13—阀座　14—阀芯　15—调整垫　16—阀盖

2. 拆卸球阀

首先拔出开口销，取下手柄；旋出压紧螺母，拿掉压套，再卸下六角连接螺母并带出填料，即可拿下调整垫和阀杆；拆掉六角螺母和弹簧垫圈，即可拿下阀盖，拆出垫圈、密封圈和阀芯。

拆卸时边拆卸边记录（见表 10-1）。编制标准件明细表（见表 10-2）。

表 10-1　球阀拆卸记录

步骤次序	拆卸内容	遇到问题及注意事项	备注
1	开口销		
2	手柄		
3	压紧螺母		

（续）

步骤次序	拆卸内容	遇到问题及注意事项	备注
4	压紧套		
5	六角连接螺母		
6	填料		
7	调整垫		
8	阀杆		
9	六角螺母和弹簧垫圈		
10	阀盖		
11	垫圈		
12	密封圈		
13	阀芯		

表 10-2　球阀标准件明细表

序号	名称	标记	材料	数量	备注
1	开口销	GB/T 119.1—2000		1	
2	螺母	GB/T 6170 M10		4	
3	弹簧垫圈	GB/T 848		4	
4	垫圈	GB/T 91		1	

任务3　绘制球阀零件草图

球阀中除了4种标准件以外，其他都是专用件，都要画出零件草图。下面是球阀中阀座、阀芯、阀盖等零件的测绘过程。

1. 测绘阀座

（1）选择零件视图确定表达方案。

主视图采用阀座轴线水平、阀杆安装孔向前的位置放置，沿轴线半剖；左视图采用局部剖；采用 A 向视图表达出与管路连接端面的形状。

（2）测量尺寸并标注。

球阀的阀座结构比较简单，采用一般的测量工具和方法即可完成各尺寸的测量，将测得的各部分尺寸标注在草图上，完成的零件草图如图 10-3 所示。

（3）初定材料和确定技术要求

阀座为铸件，其铸造圆角为 R2～R3，对于几何公差的要求，应考虑左侧面4个螺孔相对其轴线应有位置度公差要求，建议选用 $\phi 0.5$，阀杆安装孔相对于液体流通孔应有垂直度要求，建议采用7级精度，查国家标准确定。

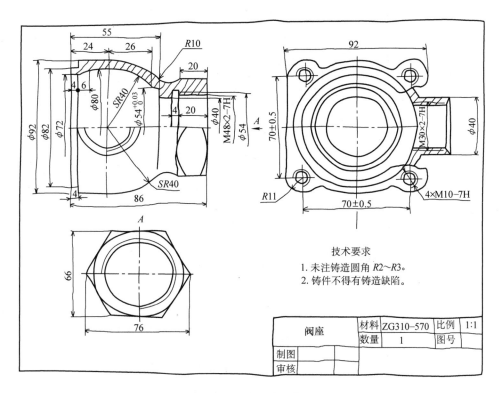

图 10-3　阀座零件草图

2. 测绘阀芯

（1）选择零件视图、确定表达方案

主视图采用加工位置，局部剖表达出上部凹槽位置和深度，俯视图采用沿轴线半剖。完成的零件草图如图 10-4 所示。

（2）测量尺寸并标注。

（3）初定材料和确定技术要求

阀芯外表面要求有一定的耐磨性，要求热处理硬度为 56HRC。

对于表面粗糙度的要求，外球面要求最高，建议选取 $Ra0.8\mu m$，两端面处建议选取 $Ra1.6\mu m$，与阀杆相配处间隙配合建议选取 $Ra6.3\mu m$，其余表面要求较低，可选取 $Ra12.5\mu m$。

3. 测绘阀盖

（1）选择零件视图、确定表达方案

主视图采用工作位置，沿轴线半剖，表达内部螺纹及右侧止口结构，在表达外形部分上采取局部剖，表达出螺栓孔结构。左视图主要反映出 4 个螺孔的相对位置和外形。完成的零件草图如图 10-5 所示。

（2）测量尺寸并标注。

（3）初定材料和确定技术要求

材料选 ZG 310—570。对于表面粗糙度要求，结合面建议选取 $Ra6.3\mu m$，与阀座装配处选用 $Ra3.2\mu m$，其他加工面取 $Ra12.5\mu m$；不加工面为毛坯面。

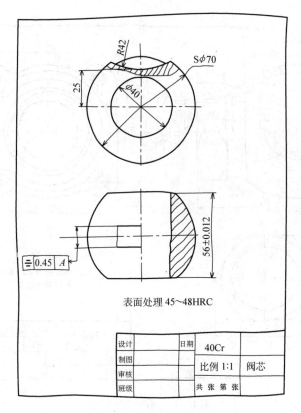

图 10-4　阀芯零件草图

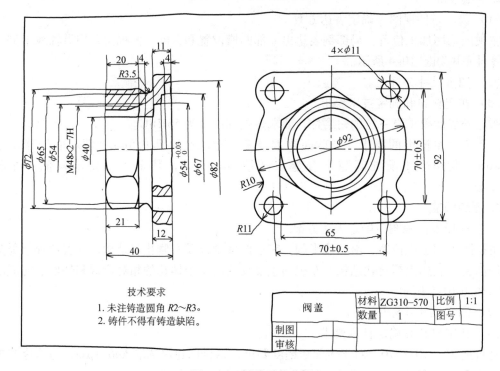

技术要求
1. 未注铸造圆角 R2～R3。
2. 铸件不得有铸造缺陷。

图 10-5　阀盖零件草图

任务4　绘制球阀装配图

1. 球阀装配体的表达方案分析

球阀有两条装配线，一条是沿阀体、密封圈、阀芯、阀盖装配，另一条是沿阀芯、阀杆、填料、压盖、连接螺母、压紧螺母及垫圈装配，整个部件前后对称。阀体、阀盖属于壳体、盘盖类零件，因此，主视图通过前后对称平面取全剖视。这样不但表达了各个零件之间的装配关系、相对位置，同时把进口、出口之间的关系也清晰地表达出来，其工作原理一目了然。

为了进一步表达主要零件的结构形状，左视图采用过阀杆轴线的平面剖切画出半剖视图，一半表达内部装配关系，一半表达零件的外部形状。在半剖视图的上部，为了把阀杆上安装手柄的局部结构表达得更清楚，采用了拆去零件的表达方法，并用局部剖表达开口销孔的结构。

俯视图采用局部剖视图画法，一方面清楚表达球阀的外形以及双头螺柱和手柄相对阀座的位置，另一方面采用局部剖后又清楚表达了螺母、垫圈和双头螺柱的装配关系。

此外，还可用局部视图、移出断面图进一步表达阀座的结构形状，这样对读装配图、拆画零件图都有益。完成的球阀装配图如图 10-6 所示。

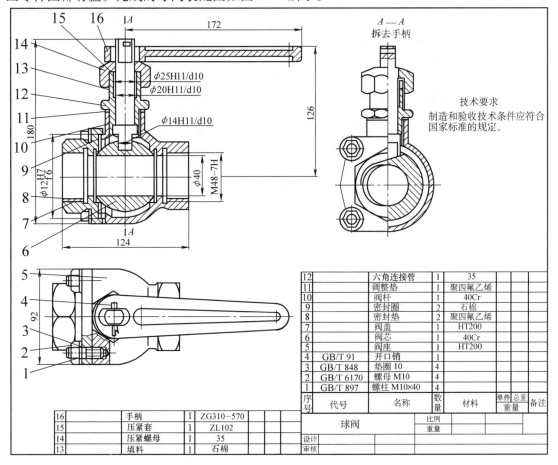

图 10-6　球阀装配图

2. 球阀装配图上应标注的尺寸

1）性能尺寸 进、出油孔的直径表示球阀的规格，均应标注尺寸。

2）装配尺寸 阀盖和阀座的配合确定了密封圈的位置，要求严格，建议采用 H7/f6。阀杆与阀芯之间、压盖与六角连接套之间、填料和阀杆之间的配合要求较松，建议选取 H11/d10。

3）外形尺寸 总宽为阀座的宽度，总长、总高可通过计算标注。

4）安装尺寸 应标注出与管道连接的安装螺纹尺寸 M48×2—7H。

5）其他重要尺寸 球阀的通径、通径轴线到手把顶面的距离等尺寸。

3. 球阀的技术要求

球阀装配完成后，经压力试验不得有渗漏现象。制造和验收技术条件应符合国家标准要求。

任务5 绘制球阀零件工作图

1. 阀座（图10-7）

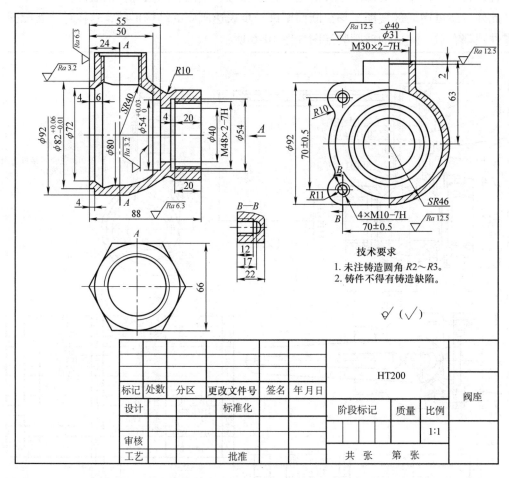

图10-7 阀座零件工作图

阀座是球阀的重要零件，属壳体类零件。为便于看图，修正阀座草图的表达方案，主视图采用工作位置，如图 10-7 所示，可通过前后对称面采用全剖视，重点表达阀座的内部结构和形状，左视图沿阀杆孔轴线作半剖，既表达了阀座和阀盖联接表面的形状，又表达了连接孔的分布情况，同时也表达了阀体中部的外形和内形及中间阀杆安装孔的位置和形状。向视图对左侧六角形接头采用规定画法，进行补充表达，也便于标注尺寸。通过联接螺柱孔轴线作局部剖视，将螺柱孔的结构表达清楚。

液体流通孔的相对位置及通断情况在主视图上已表达清楚，右端面的形状通过向视图也已表达清楚。采用此表达方案，既完整、清晰地将阀座的内、外结构和形状表达出来，较草图方案又不增加工作量，比较合理。

2. 阀芯

阀芯是球阀的关键零件，其灵敏度直接影响球阀的工作性能。阀芯属轴套类零件，各表面均在车床上加工。因此，画零件图时对草图所采用的表达方案进行修正，考虑按其加工位置放置、轴线水平更为合理，如图 10-8 所示。主视图采用全剖视图表达阀杆安装缺口宽度和中心孔。左视图采用局部剖，进一步表达阀杆安装缺口的结构形状，通过两个视图再加上尺寸标注即可完全表达清楚阀芯的结构。

关于尺寸公差的要求，对于重要的外球面和两端面尺寸公差，建议采用 js7，与阀杆相配处建议采用间隙配合选取 H8。

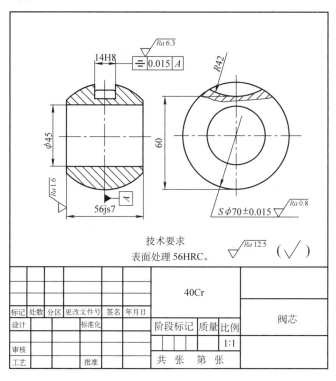

图 10-8　阀芯零件工作图

3. 阀盖

阀盖安装在阀座上，它们之间通过四个双头螺柱联接起来。阀盖属盘盖类零件，可按其加工位置考虑，轴线水平放置，这样便于加工时图物对照。如图 10-9 所示，主视图采用半剖视图画法，重点表达内部形状和外部结构形状，在表达外形的半个视图中又采用了局部剖，将4个联接孔的内部形状表达清楚；左视图为外形图，重点表达外形及4个联接孔的分布情况。

关于尺寸公差的要求，只有与阀座装配处的止口尺寸要求较高，建议采用H7。

对于几何公差的要求，为了保证阀盖与阀座螺柱联接的正确位置，应考虑4个联接孔有位置度公差要求，与阀座相同，选用±0.5。

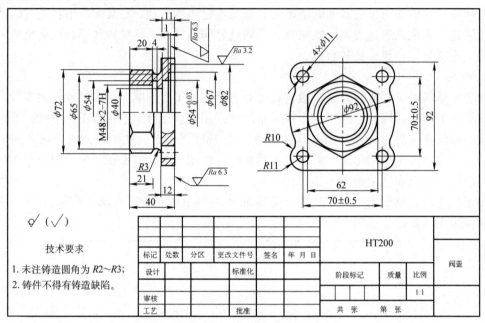

图 10-9　阀盖零件工作图

学习情境 11　一级圆柱齿轮减速器的测绘

学习目标：

1) 了解一级圆柱齿轮减速器的工作原理。
2) 掌握一级圆柱齿轮减速器零件草图的绘制。
3) 掌握一级圆柱齿轮减速器装配图的绘制。
4) 掌握一级圆柱齿轮减速器零件工作图的绘制。

任务 1　一级圆柱齿轮减速器部件分析

1. 减速器的工作原理分析

一级圆柱齿轮减速器是一种以降低机器转速为目的的专用部件，由电动机通过带轮带动主动小齿轮轴（输入轴）转动，再由小齿轮带动从动轴上的大齿轮转动，将动力传递到大齿轮轴（输出轴），以实现减速的目的。

一级圆柱减速器的结构示意图如图 11-1 所示。一级圆柱齿轮减速器的动力和运动由电动机通过带轮传送到主动齿轮轴 27，再由齿轮轴上的小齿轮和装在箱体内的从动大齿轮啮合，将动力和运动传递到从动轴 19，以实现减速的目的。

2. 减速器的结构分析

该减速器有两条装配线，即两条轴系结构，主动齿轮轴和从动轴的两端分别由滚动轴承支承在机座上。由于该减速器采用直齿圆柱齿轮传动，不受轴向力，因此，两轴均由深沟球轴承支承，轴和轴承采用过渡配合，有较好的同轴度，因而可保证齿轮啮合的稳定性。4 个端盖 17、23、25、30 分别嵌入箱体内的环槽中，确定了轴和轴上零件相对于机体的轴向位置。同一轴系的两槽所对应轴上各装有 8 个零件，其尺寸等于各零件尺寸之和。为了避免积累误差过大，保证装配要求，两轴上各装有一个调整环，装配时只需调整轴上的调整环 22、29 的厚度，使其总间隙达到 0.08~0.12mm 的要求，即可满足轴向游隙要求。

机体由两部分组成，采用上下剖分式结构，沿两轴线平面分为机座和机盖，两零件采用螺栓连接，便于装配和拆卸。为了保证机体上轴承孔的正确位置和配合尺寸，两零件必须装配后才能加工轴承孔，因此，在机盖与机座左右两边的凸缘处分别采用两圆锥销无间隙定位，保证机盖与机座的相对位置。锥销孔钻成通孔，便于拆装。机体前后对称，其中间空腔内安置两啮合齿轮，轴承和端盖对称分布在齿轮的两侧。

减速器的齿轮工作时采用浸油润滑，机座下部为油池，油池内装有润滑油。从动齿轮的轮齿浸泡在油池中，转动时可把油带到啮合表面，起润滑作用。为了控制机座油池中的油量，油面高度通过透明的有机玻璃圆形油标观察。轴承依靠大齿轮搅动油池中的油来润滑，为防止甩向轴承的油过多，在主动轴支承轴承内侧设置了挡油环。

轴承端盖采用嵌入式结构，不用螺钉固定，结构简单，同时也减轻了质量，缩短了轴承

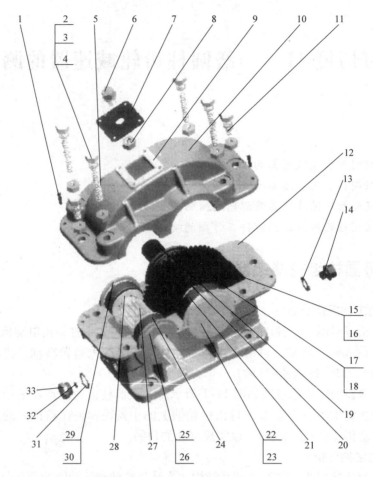

图 11-1　一级圆柱减速器结构示意图

1—定位销　2、11—螺栓　3—垫圈　4、8—螺母　5—螺钉　6—透气塞　7—视孔盖
9—垫片　10—机盖　12—机座　13—石棉垫圈　14—油塞　15—从动齿轮
16—键　17—嵌入式大透盖　18—大毛毡圈　19—从动轴　20—支承环
21、24—轴承　22—大调整环　23—大闷盖　25—小透盖　26—小毛毡圈
27—主动齿轮轴　28—挡油环　29—小调整环　30—小闷盖　31—耐油橡胶垫圈
32—支承片　33—圆形油标

座尺寸；缺点是调整不方便，只能用于不可调轴承。输入轴和输出轴的一端从透盖孔中伸出，为避免轴和盖之间摩擦，盖孔与轴之间留有一定间隙，端盖内装有毛毡密封圈，紧紧套在轴上，可防止油向外渗漏和异物进入箱体内。

　　当减速器工作时，由于一些零件摩擦而发热，箱体内温度会升高从而引起气体热膨胀，导致箱体内压力增高，因此，在顶部设计有透气装置。透气塞 6 是为了排放箱体内的膨胀气体，减小内部压力而设置的。透气塞的小孔使箱体内的膨胀气体能够及时排出，从而避免箱体内的压力增高。拆去视孔盖 7 后可监视齿轮磨损情况或加油。油池底面应有斜度，放油时能使油顺利流向放油孔位置。油塞 14 用于清洗放油，其螺孔应低于油池底面，以便于放尽油泥。

　　箱座的左右两边各有两个成钩状的加强肋，作起吊运输用；机盖重量较轻，可不设起重吊环或吊钩。

任务 2　画一级圆柱齿轮减速器的装配示意图和拆卸一级圆柱齿轮减速器

1. 绘制装配示意图（图 11-2）

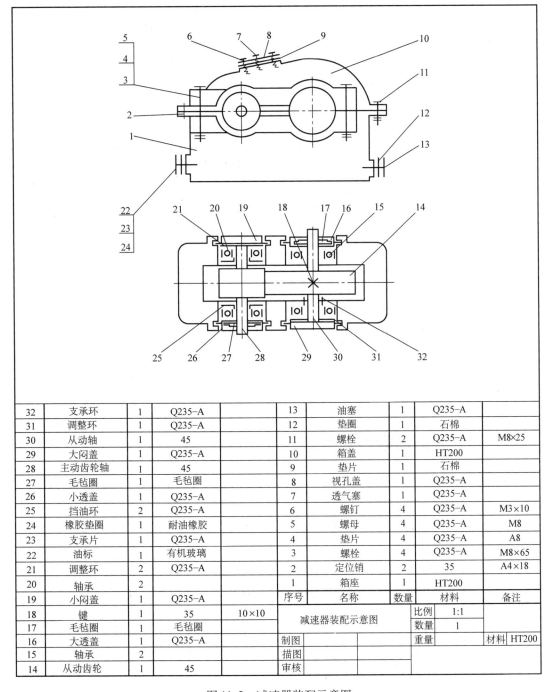

32	支承环	1	Q235–A		13	油塞	1	Q235–A	
31	调整环	1	Q235–A		12	垫圈	1	石棉	
30	从动轴	1	45		11	螺栓	2	Q235–A	M8×25
29	大闷盖	1	Q235–A		10	箱盖	1	HT200	
28	主动齿轮轴	1	45		9	垫片	1	石棉	
27	毛毡圈	1	毛毡圈		8	视孔盖	1	Q235–A	
26	小透盖	1	Q235–A		7	透气塞	1	Q235–A	
25	挡油环	2	Q235–A		6	螺钉	4	Q235–A	M3×10
24	橡胶垫圈	1	耐油橡胶		5	螺母	4	Q235–A	M8
23	支承片	1	Q235–A		4	垫片	4	Q235–A	A8
22	油标	1	有机玻璃		3	螺栓	4	Q235–A	M8×65
21	调整环	2	Q235–A		2	定位销	2	35	A4×18
20	轴承	2			1	箱座	1	HT200	
19	小闷盖	1	Q235–A		序号	名称	数量	材料	备注
18	键	1	35	10×10	减速器装配示意图		比例	1:1	
17	毛毡圈	1	毛毡圈				数量	1	
16	大透盖	1	Q235–A		制图		重量		材料　HT200
15	轴承	2			描图				
14	从动齿轮	1	45		审核				

图 11-2　减速器装配示意图

2. 拆卸一级圆柱齿轮减速器

机座与机盖通过6个螺栓联接，拆下6个螺栓，即可将机盖拿掉。对于两轴系上的零件，整个取下轴系，即可——拆下各零件。装配时把顺序倒过来即可。

拆卸时边拆卸边记录（见表11-1）。编制标准件明细表（见表11-2）。

表11-1 减速器拆卸记录

步骤次序	拆卸内容	遇到问题及注意事项	备注	步骤次序	拆卸内容	遇到问题及注意事项	备注
1	螺栓			7	箱体		
2	定位销			8	键		
3	箱盖			9	透盖		
4	闷盖			10	滚动轴承		
5	调整环			11	挡油环		
6	齿轮轴						

表11-2 减速器标准件明细表

序号	名称	标记	材料	数量	备注
1	销	GB/T 117—2000 A4×18	45	1	
2	螺栓	GB/T 5782—2000 M8×65	35	4	
3	垫片 A8	GB/T 97.1—2002—8—140HV	Q235-A	4	
4	螺钉	GB/T 67—2008—M3×10	Q235-A	4	
5	螺栓	GB/T 5782—2000 M8×25	Q235-A	2	
6	油塞	JB/ZQ 4450—1997	Q235-A	1	
7	滚动轴承	6206 GB/T 276—1994		2	
8	毛毡圈		毛毡	1	
9	键	GB/T 1096—2003 10×10	35	1	
10	滚动轴承	6204 GB/T 276—1994		2	

任务3 绘制减速器零件草图

1. 测绘箱盖

（1）选择零件视图、确定表达方案

图11-3是箱盖的零件草图，共用了四个图形表达。由于它的内外形状比较复杂，主视图在不影响外形表达的前提下，在四处作了局部剖视。左视图是采用两个平行的剖切平面剖得的全剖视图，反映了两半圆孔组结构及铸件的多处壁厚情况。F向视图是用旋转画出的斜视图。这样，既反映了观察窗实形，又方便了尺寸标注。左视图图形上方注有 I 的局部放大图，也是为便于清晰地标注尺寸和表面粗糙度而添加的。

（2）测量尺寸并标注

1）分析尺寸，画出所有尺寸界线和尺寸线。首先选择尺寸基准，基准应考虑便于加工和测量。分析尺寸时主要从装配结构着手，对配合尺寸和定位尺寸直接注出，其他尺寸则按定形尺寸和定位尺寸注全尺寸，最后确定总体尺寸。

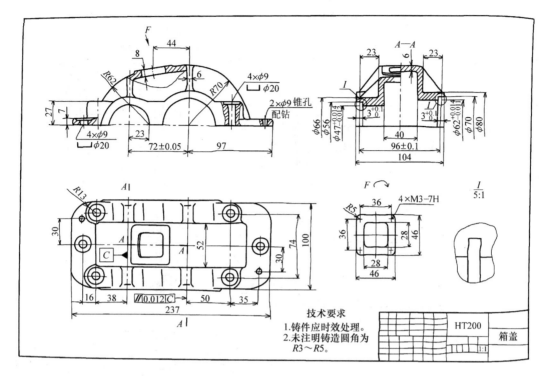

图 11-3　箱盖零件草图

2）集中量注尺寸，对零件各部分尺寸，从基准出发，逐一进行测量和标注。对有配合的尺寸，应同时在相关的零件草图上注出，以保证关联尺寸的准确性，同时也节省时间。如图 11-3 所示，箱盖的长、宽、高三个方向分别选用过 $\phi62H7$ 轴线的侧平面（或 $\phi47H7$ 轴线的侧平面）、宽 100 的对称中心平面及底面为主要尺寸基准；中心距 72 应等于两齿轮分度圆半径之和。

（3）初定材料和确定技术要求

箱盖是铸件，一般选用中等强度的灰铸铁 HT200；

2. 测绘箱座

（1）选择零件视图、确定表达方案

图 11-4 是箱座的零件草图，共用了五个图形表达。它的三个基本视图所采用的表示法与箱盖类似。在五处作了局部剖视。左视图是采用两个平行的剖切平面剖得的全剖视图，反映了两半圆孔组结构及铸件的多处壁厚情况。$B—B$ 局部剖视图反映了仰视时的凸台、沉孔及起吊钩的形状。

（2）测量尺寸并标注

可参照箱盖分析。

（3）初定材料和确定技术要求

箱座是铸件，一般选用中等强度的灰铸铁 HT200；箱座铸成后应清理铸件，并进行时效处理。未注铸造圆角为 $R3 \sim R5$。

3. 测绘齿轮轴

（1）选择零件视图并确定表达方案

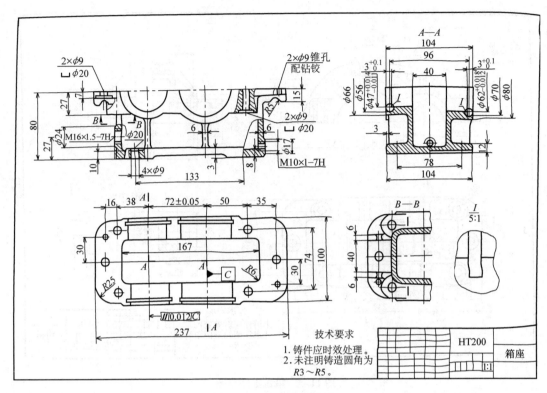

图 11-4 箱座零件草图

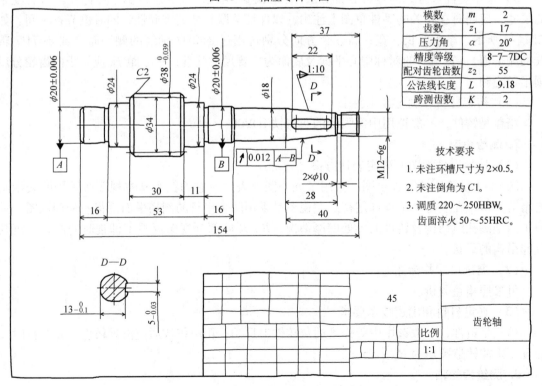

模数	m	2
齿数	z_1	17
压力角	α	20°
精度等级		8-7-7DC
配对齿轮齿数	z_2	55
公法线长度	L	9.18
跨测齿数	K	2

技术要求

1. 未注环槽尺寸为 2×0.5。

2. 未注倒角为 $C1$。

3. 调质 220～250HBW。
   齿面淬火 50～55HRC。

图 11-5 齿轮轴零件草图

当齿轮的直径较小时，通常将齿轮与轴制成一体，称为齿轮轴。图 11-5 是齿轮轴零件草图，共用两个图形表达。主视图以表达外形为主，主视图左下方添加了一移出断面图，为便于标注键槽的尺寸和表面粗糙度。

（2）测量并尺寸标注

轴类零件尺寸基准的选择关键是选长度方向的主要基准。齿轮轴影响轴向定位的端面有两处，即两对 $\phi 20 j6$ 与 $\phi 24$ 的邻接端面，现选位于中段的邻接端面为长度方向主要尺寸基准。$\phi 18$ 的轴段为长度方向尺寸链的开口环，空开不注尺寸。

（3）初定材料和确定技术要求

轴选 45 钢。与轴承相配合的轴颈表面 Ra 值选 $1.6\mu m$。齿轮部分表面 Ra 值选 $1.6\mu m$，其他加工表面 Ra 值选 $3.2\mu m$。

任务 4　绘制减速器装配图

零件草图完成后，根据装配示意图和零件草图绘制装配图。在画装配图的过程中，对草图中存在的零件形状和尺寸的不妥之处作必要的修正。

1. 一级圆柱齿轮减速器装配图表达方案的确定

主视图应符合其工作位置，重点表达外形，左边同时对轴承旁螺栓联接、油标及下部安装孔的结构进行局部剖，这样不但表达了这三处的装配连接关系，而且对箱座左边和下边壁厚进行了表达，也便于标注安装尺寸。右边进一步对螺栓联接进行局部表达，同时对下边放油塞连接进行表达，大齿轮的浸油情况也一目了然。上边可对透气装置采用局部剖视，表达出各零件的装配连接关系及该结构的工作情况。两轴系上各零件及传动关系由俯视图表达。俯视图采用沿结合面剖切的画法，将内部的装配关系以及零件之间的相互位置清晰地表达出来，同时也表达出齿轮的啮合情况以及轴承的润滑密封情况。左视图主要采用视图来表达机件外形，同时对定位销的结构及功能进行局部表达，清晰明了。

另外，还可用局部视图从右向左表示箱体上安装油塞凸台的形状。

2. 装配图上应标注的尺寸

1）规格尺寸　两轴的中心距 72 ± 0.025，轴线到底面的高度尺寸 80 等。

2）总体尺寸　标注出减速器的总长尺寸 237，总高尺寸 158，总宽尺寸 210。

3）安装尺寸　减速器下部和机架安装尺寸应注出 117、74，以及注出的 $\phi 24$ 等 6 个轴伸部位的尺寸。

4）装配（含配合）尺寸　装配图上应注出齿轮和轴的配合尺寸，建议选用 H7/r6；轴和轴承的配合采用基孔制，建议选用 k6，座孔和轴承外圈的配合采用基轴制，建议采用 H7；端盖与座孔的配合建议采用 H7/f6；轴上伸出端安装毂类零件处采用基孔制，建议选用 H7/r6。

除尺寸 $\phi 24r6$ 外，其他 9 个配合尺寸均集中在俯视图中。4 个只注写公差带代号的尺寸（如 $\phi 20k6$、$\phi 47H7$ 等）是指与轴承的配合要求，可由附表查取。按 GB/T 4458.5—2003 规定，与标准件相配合的尺寸可以仅注出公差带代号，故未注出配合代号。还有 4 个注出配合代号的尺寸（如 $\phi 47H7/f6$、$\phi 62H7/g6$）是指与轴承盖的配合要求，考虑到该处无密封装置，故选用了间隙较小、精度较高的公差带（f6、g6）。

一级圆柱齿轮减速器装配图如图 11-6 所示。

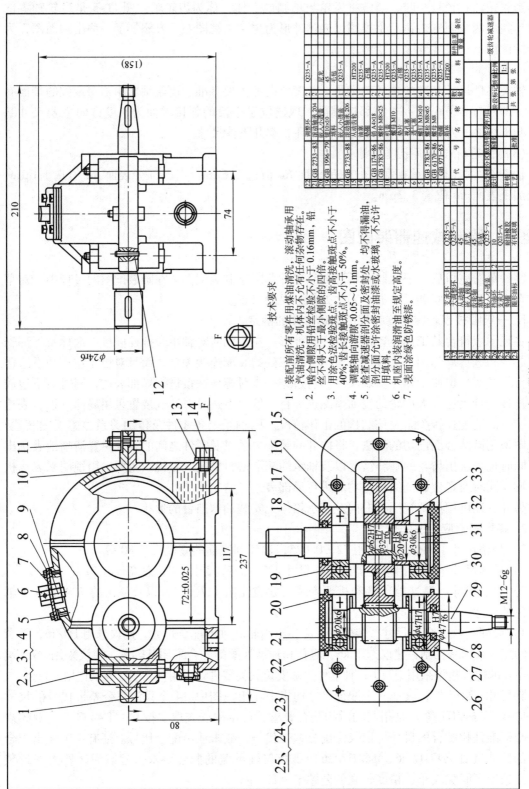

图 11-6　减速器装配图

任务 5　绘制零件工作图

画装配图的过程，也是进一步校对零件草图的过程，而画零件工作图则是在零件草图经过画装配图进一步校核后进行的。从零件草图到零件工作图不是简单的重复照抄，应再次检查、及时订正，并按装配图中选定的极限与配合要求，在零件工作图上注写尺寸公差数值，标注几何公差代号和表面粗糙度的符号。

减速器中零件工作图的分析内容由读者自行分析，各零件工作图如下所示。

1. 箱盖零件工作图（图 11-7）

2. 箱体零件工作图（图 11-8）

3. 齿轮轴零件工作图（图 11-9）

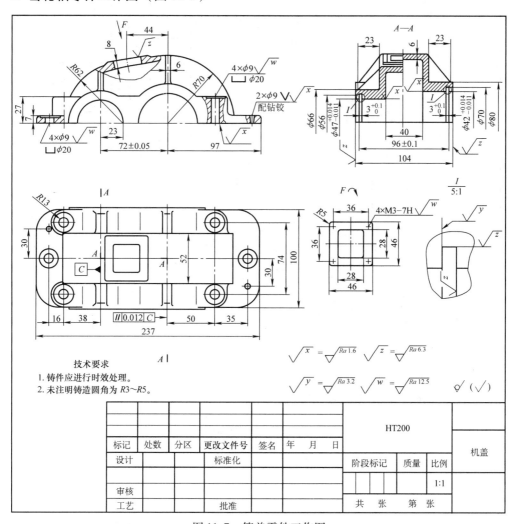

图 11-7　箱盖零件工作图

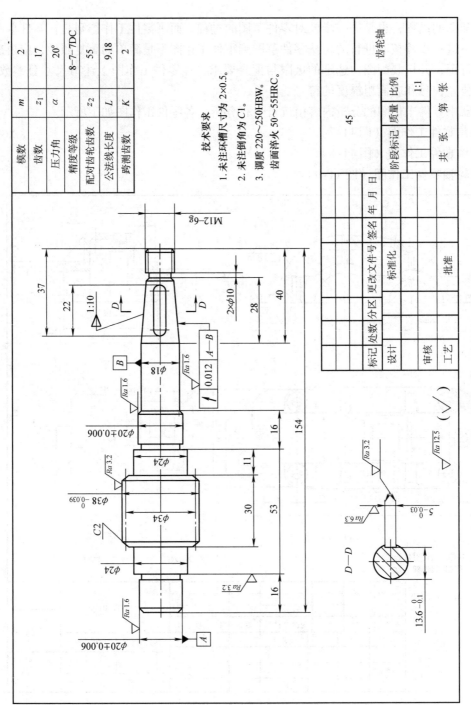

模数	m	2
齿数	z_1	17
压力角	α	20°
精度等级		8-7-7DC
配对齿轮齿数	z_2	55
公法线长度	L	9.18
跨测齿数	K	2

技术要求
1. 未注环槽尺寸为 2×0.5。
2. 未注倒角为 C1。
3. 调质 220~250HBW。
   齿面淬火 50~55HRC。

45		齿轮轴	
	阶段标记	质量	比例
			1:1
	共 张		第 张

标记	处数	分区	更改文件号	签名	年 月 日
设计			标准化		
审核					
工艺			批准		

图 11-9 齿轮轴零件工作图

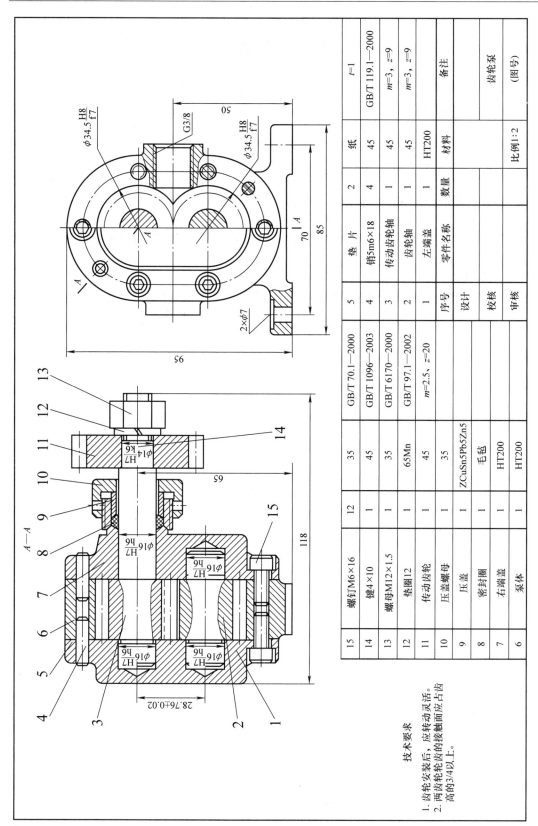

图 9-9 齿轮泵装配图

15	螺钉M6×16	12	GB/T 70.1—2000	35							
14	键4×10	1	GB/T 1096—2003	45		5	垫　片	2	纸		$i=1$
13	螺母M12×1.5	1	GB/T 6170—2000	35		4	销5m6×18	4	45		GB/T 119.1—2000
12	垫圈12	1	GB/T 97.1—2002	65Mn		3	传动齿轮轴	1	45		$m=3$, $z=9$
11	传动齿轮	1		45		2	齿轮轴	1	45		$m=3$, $z=9$
10	压盖螺母	1		35		1	左端盖	1	HT200		
9	压盖	1		ZCuSn5Pb5Zn5		序号	零件名称	数量	材料		备注
8	密封圈	1		毛毡		设计					齿轮泵
7	右端盖	1		HT200		校核					
6	泵体	1		HT200		审核				比例1:2	(图号)

技术要求
1. 齿轮安装后，应转动灵活。
2. 两齿轮轮齿的接触面应占齿高的3/4以上。

参 考 文 献

[1]　李月琴，等．机械零部件测绘 [M]．北京：中国电力出版社，2007.

[2]　赵忠玉．测量与机械零件测绘 [M]．北京：机械工业出版社，2008.

[3]　钱可强，赵洪庆．零部件测绘实训教程 [M]．北京：高等教育出版社，2007.

[4]　高红．机械零部件测绘 [M]．北京：中国电力出版社，2008.

[5]　金大鹰．机械制图 [M]．北京：机械工业出版社，2007.

[6]　机械工业部统编．机械识图 [M]．北京：机械工业出版社，1999.

[7]　李广慧，苏颜丽．机械工人识图 [M]．上海：上海科学技术出版社，2007.

[8]　大连理工大学工程画教研室．机械制图 [M]．北京：高等教育出版社，2003.

[9]　全国技术产品文件标准化技术委员会．技术产品文件标准汇编：机械制图卷 [S]．北京：中国标准出版社，2006.

[10]　王幼龙．机械制图 [M]．北京：高等教育出版社，2001.

[11]　陈于萍．互换性与测量技术基础 [M]．北京：机械工业出版社，1998.

[12]　忻良昌．公差配合与技术测量 [M]．北京：机械工业出版社，1996.